高等学校计算机基础教育教材精选

网页设计与制作实验指导
(第3版)

杨选辉 编著

清华大学出版社
北 京

内容简介

本书是《网页设计与制作教程(第3版)》一书的配套实验教材,实验内容与主教材相对应,并涵盖了“网页设计与制作”课程的主要知识点。本书以目前流行的网页设计软件为背景,结合作者多年网页设计教学的经验,精选了一些具有代表性的网页制作实例,具有较强的应用性和示范作用,能帮助读者在较短的时间内熟悉和掌握网页设计语言和软件的使用。全书共6章,42个实验,第1章是运用HTML编写网页的6个实验,第2章是运用CSS修饰页面元素的6个实验,第3章是运用Dreamweaver CS5制作网页的7个实验,第4章是运用CSS+Div进行网页布局的6个实验,第5章是运用Photoshop CS5进行图像处理的8个实验,第6章是运用Flash CS5制作动画的9个实验。在每个实验中均设置了实验目的、实验效果、实验步骤和实验后的思考。全书内容充实,语言浅显易懂,图文并茂。

本书可作为高等学校“网页设计与制作”课程的实验指导教材,也可作为网页设计与制作爱好者的自学参考书。

图书在版编目(CIP)数据

网页设计与制作实验指导/杨选辉编著. —3版. —北京:清华大学出版社,2014(2022.12重印)
高等学校计算机基础教育教材精选
ISBN 978-7-302-37269-1

Ⅰ.①网… Ⅱ.①杨… Ⅲ.①网页制作工具—高等学校—教学参考资料 Ⅳ.①TP393.092

中国版本图书馆CIP数据核字(2014)第153428号

责任编辑:焦 虹 战晓雷
封面设计:常雪影
责任校对:梁 毅
责任印制:沈 露

出版发行:清华大学出版社
网 址:http://www.tup.com.cn, http://www.wqbook.com
地 址:北京清华大学学研大厦A座 **邮 编**:100084
社 总 机:010-83470000 **邮 购**:010-62786544
投稿与读者服务:010-62776969, c-service@tup.tsinghua.edu.cn
质量反馈:010-62772015, zhiliang@tup.tsinghua.edu.cn
课件下载:http://www.tup.com.cn,010-83470236
印 装 者:天津鑫丰华印务有限公司
经 销:全国新华书店
开 本:185mm×260mm **印 张**:11.75 **字 数**:295千字
版 次:2005年4月第1版 2014年9月第3版 **印 次**:2022年12月第8次印刷
定 价:24.50元

产品编号:049240-01

出版说明

在教育部关于高等学校计算机基础教育三层次方案的指导下，我国高等学校的计算机基础教育事业蓬勃发展。经过多年的教学改革与实践，全国很多学校在计算机基础教育这一领域中积累了大量宝贵的经验，取得了许多可喜的成果。

随着科教兴国战略的实施以及社会信息化进程的加快，目前我国的高等教育事业正面临着新的发展机遇，但同时也将面对新的挑战。这些都对高等学校的计算机基础教育提出了更高的要求。为了适应教学改革的需要，进一步推动我国高等学校计算机基础教育事业的发展，我们在全国各高等学校精心挖掘和遴选了一批经过教学实践检验的优秀的教学成果，编辑出版了这套教材。教材的选题范围涵盖了计算机基础教育的三个层次，包括面向各高校开设的计算机必修课、选修课，以及与各类专业相结合的计算机课程。

为了保证出版质量，同时更好地适应教学需求，本套教材将采取开放的体系和滚动出版的方式（即成熟一本、出版一本，并保持不断更新），坚持宁缺毋滥的原则，力求反映我国高等学校计算机基础教育的最新成果，使本套丛书无论在技术质量上还是出版质量上均成为真正的"精选"。

清华大学出版社一直致力于计算机教育用书的出版工作，在计算机基础教育领域出版了许多优秀的教材。本套教材的出版将进一步丰富和扩大我社在这一领域的选题范围、层次和深度，以适应高校计算机基础教育课程层次化、多样化的趋势，从而更好地满足各学校由于条件、师资和生源水平、专业领域等差异而产生的不同需求。我们热切期望全国广大教师能够积极参与到本套丛书的编写工作中来，把自己的教学成果与全国的同行们分享；同时也欢迎广大读者对本套教材提出宝贵意见，以便我们改进工作，为读者提供更好的服务。

我们的电子邮件地址是：jiaoh@tup. tsinghua. edu. cn；联系人：焦虹。

清华大学出版社

前言

为了解决网页制作教材中例题较少和读者学习网页设计的上机实践问题，作者编写过《网页设计与制作实验指导》第1版和第2版，由于指导思想明确，质量较高，发行了近5万册，获得了各校师生的欢迎和好评。

随着信息化不断深入，网页设计技术不断发展，网页设计软件不断推陈出新，作者根据多年来的教学总结和社会各界提出的建议，再次重新编写了本书。本书作为《网页设计与制作教程(第3版)》的配套实验教材，其实验内容与主教材相对应，便于读者学习和实践。本次改版的重点是大幅度地增加了CSS方面的内容，以适应网页设计技术发展的趋势，同时删除了过时的FrontPage和Fireworks的内容。

本书的编写原则是力求精简实用，从基础知识着手，关注每个软件最常用和最实用的部分；以实例带动教学，注重对学习者动手实践能力的培养；实验例题的实用性、可操作性和可模仿性较强，使学习者通过实验练习能较好地掌握网页、图像和动画制作中的基本知识和技巧，满足学生自学、复习与练习的需要。

全书共6章，42个实验，第1章是运用HTML编写网页的6个实验，第2章是运用CSS修饰页面元素的6个实验，第3章是运用Dreamweaver CS5制作网页的7个实验，第4章是运用CSS+Div进行网页布局的6个实验，第5章是运用Photoshop CS5进行图像处理的8个实验，第6章是运用Flash CS5制作动画的9个实验。在每个实验中均设置了实验目的、实验效果、实验步骤和实验后的思考。

(1) 实验目的：阐述该实验要达到的目的与要求，使学习者明确学习重点，有的放矢地进行操作练习。

(2) 实验效果：通过先预览实验的最终效果，达到激发学习者兴趣的目的。

(3) 实验步骤：详细介绍为实现该实验需要进行的具体操作步骤。学习者可以直接验证这些步骤以达到复习和巩固知识点的目的，也可以作为进行独立设计的参考和借鉴。

(4) 实验后的思考：针对实验给出相应的思考题，引导学习者思考一些深层次的问题，从而达到巩固和延伸知识点的目的。

本书可作为高等学校"网页设计与制作"课程的实验指导教材，也可作为网页设计与制作爱好者的自学参考书。书中全部例题的效果和素材都可以从清华大学出版社网站(http://www.tup.com.cn)免费下载。

本书主要由杨选辉编写完成，其中谷艳红参与编写了本书第2、4、6章的部分内容，郭路生、张婕钰参与编写了本书第1章的部分内容,李晚照参与编写了本书第3章的部分内容,方玉凤参与编写了本书第4章的部分内容,葛伟参与编写了本书第5章的部分内容。全书由杨选辉拟定大纲和统稿。本书得到了南昌大学教材出版的资助。

由于作者水平有限,书中难免有不足与错误之处,敬请读者批评指正!

作　者

2014年6月

目录

第1章　HTML网页制作实验 …… 1
实验1　制作一个基本页面 …… 1
实验2　制作带有图片和超链接的页面 …… 3
实验3　表格标记的应用 …… 5
实验4　表单标记的应用 …… 8
实验5　框架标记的应用 …… 12
实验6　制作一个网站首页 …… 15

第2章　CSS修饰页面的实验 …… 20
实验1　用CSS制作首字下沉图文混排和动态超链接的效果 …… 20
实验2　用CSS美化表格 …… 24
实验3　用CSS美化表单 …… 29
实验4　用CSS制作立体效果的导航条 …… 34
实验5　用CSS制作中英文双语导航条 …… 37
实验6　用CSS制作新闻标题列表的效果 …… 39

第3章　Dreamweaver CS5网页制作实验 …… 45
实验1　制作带有超链接的页面 …… 45
实验2　用表格布局页面 …… 48
实验3　建立框架页面 …… 51
实验4　表单的制作 …… 55
实验5　内嵌式框架的应用 …… 59
实验6　利用Photoshop切片制作个人网站 …… 63
实验7　利用便捷工具制作一个网站首页 …… 70

第4章　CSS＋Div网页布局实验 …… 75
实验1　制作分栏的文字排版页面 …… 75
实验2　制作一个页面的顶部 …… 78
实验3　制作一个页面的底部 …… 82

实验 4　制作简单的企业网站首页 …………………………………………… 85
实验 5　制作复杂的企业网站首页 …………………………………………… 90
实验 6　制作一个个人网页 ……………………………………………………… 107

第 5 章　Photoshop CS5 网页制作实验 ………………………………………… 116
实验 1　制作光影立体字效果 …………………………………………………… 116
实验 2　制作逼真的邮票效果 …………………………………………………… 119
实验 3　制作水中倒影效果 ……………………………………………………… 123
实验 4　制作绚丽的圆形眩光效果 ……………………………………………… 126
实验 5　使用滤镜抽出功能抠图 ………………………………………………… 130
实验 6　使用魔棒及调整边缘功能抠图 ………………………………………… 136
实验 7　制作个性化的按钮效果 ………………………………………………… 139
实验 8　制作一张宣传海报 ……………………………………………………… 143

第 6 章　Flash CS5 网页制作实验 ……………………………………………… 148
实验 1　制作新年贺卡 …………………………………………………………… 148
实验 2　制作文本动画 …………………………………………………………… 150
实验 3　制作霓虹灯牌 …………………………………………………………… 153
实验 4　制作运动引导动画 ……………………………………………………… 157
实验 5　制作图片展示类型的 banner …………………………………………… 160
实验 6　制作图片展示框 ………………………………………………………… 163
实验 7　制作滚动图片 …………………………………………………………… 165
实验 8　制作导航条动画 ………………………………………………………… 169
实验 9　制作网站导入页面 ……………………………………………………… 173

参考文献 …………………………………………………………………………… 180

第章　HTML 网页制作实验

通过浏览器看到的网站都是由 HTML 构成的。HTML 是一种建立网页文件的语言，通过标记式指令，将影像、声音、图片和文字等连接起来。HTML 文件可以用记事本、写字板等文本编辑工具来编写，用 HTML 编写的文件的扩展名为 html 或 htm，它们是能够被浏览器解释显示的文件格式。HTML 是网页制作的基本语言，虽然不懂得 HTML 也能够制作出漂亮的网页，但了解它可以更方便灵活地控制网页。

实验 1　制作一个基本页面

1. 实验目的

熟练掌握建立 HTML 文件的方法以及 HTML 中各种基本标记的使用方法。

2. 实验效果

本例的实验效果如图 1-1 所示。

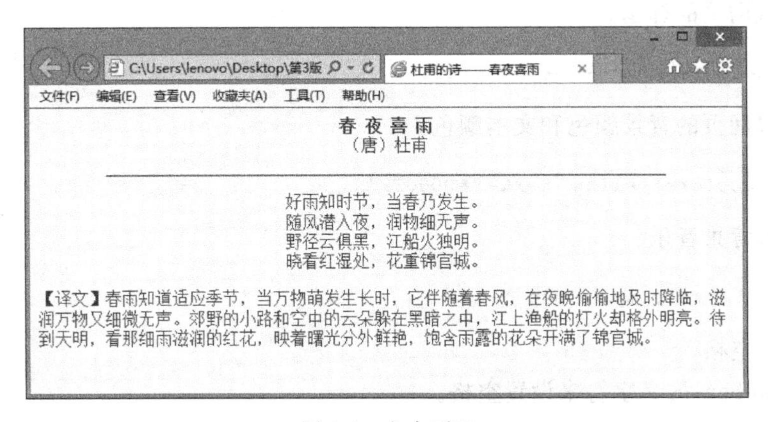

图 1-1　文本页面

3. 实验步骤

1）实验的具体步骤

(1) 新建一个记事本文档，并在记事本中输入以下语言代码。

```
<html>
<head>
<title>杜甫的诗——春夜喜雨</title>
</head>
<body bgcolor="yellow" text="#0000FF">
<bgsound src="1.mp3" loop="-1">
<p align="center">
<b>春  夜  喜  雨</b><br/>
(唐)杜甫</p>
<hr width="80%" color="red"/>
<p align="center">
好雨知时节，当春乃发生。<br/>
随风潜入夜，润物细无声。<br/>
野径云俱黑，江船火独明。<br/>
晓看红湿处，花重锦官城。</p>
<P>【译文】春雨知道适应季节，当万物萌发生长时，它伴随着春风，在夜晚偷偷地及时降临，滋润万物又细微无声。郊野的小路和空中的云朵躲在黑暗之中，江上渔船的灯火却格外明亮。待到天明，看那细雨滋润的红花，映着曙光分外鲜艳，饱含雨露的花朵开满了锦官城。</P>
</body>
</html>
```

(2) 编写完成后保存为.html或.htm文件，然后用浏览器查看，效果如图1-1所示。

2）主要的标记及其功能分析

• 设置网页的标题。

```
<title>杜甫的诗——春夜喜雨</title>
```

• 设置网页的背景颜色和文本颜色。

```
<body bgcolor="yellow" text="#0000FF">
```

• 插入背景音乐。

```
<bgsound src="1.mp3" loop="-1">
```

• 设置空格。

使用 转义字符来设置空格。

• 插入一条水平线。

```
<hr width="80%" color="red"/>
```

• 换段和强制换行的运用。

注意文本中<P>和
的效果。

4. 实验后的思考

在本例的 HTML 中，去掉<body>中的 bgcolor 属性，增加 background 属性，使网页的背景变成一幅风景图片(图片文件自定)，然后存盘并刷新页面查看结果。只是目前似乎还没有很好的方法来解决背景图片的平铺问题。

实验 2　制作带有图片和超链接的页面

1. 实验目的

主要学习 HTML 插入图片和设置超链接标记的使用方法。

2. 实验效果

本例的实验效果如图 1-2 所示。

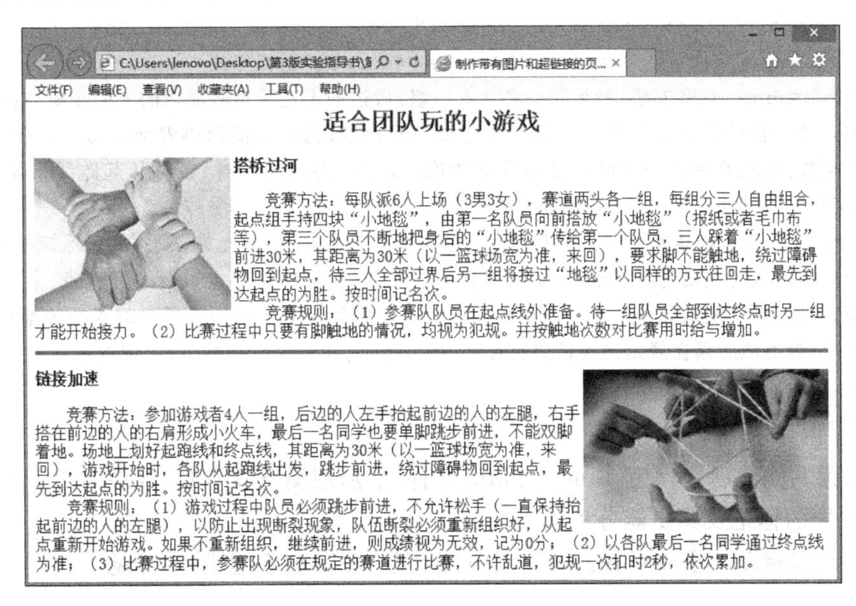

图 1-2　带有图片和超链接的页面

3. 实验步骤

1）实验的具体步骤

(1) 将需要显示的图像和链接页面存放在指定的文件夹内，以便下面编写的 HTML 文档调用。

(2) 新建一个记事本文档，并在记事本中输入以下语言代码。

```
<html>
<head>
<title>制作带有图片和超链接的页面</title>
</head>
<body bgcolor="#FFFFCC">
<h2 align="center">适合团队玩的小游戏</h2>
<p><a href="http://www.xuefudao.com"><img src="1.jpg" width="200" height=
"150" align="left" border="0"/></a><strong>搭桥过河</strong></p>
    竞赛方法:每队派 6 人上场(3 男 3 女),赛道两头各一组,每组分三人自由组合,
起点组手持四块 &ldquo;小地毯 &rdquo;,由第一名队员向前搭放 &ldquo;小地毯 &rdquo;(报
纸或者毛巾布等),第三个队员不断地把身后的 &ldquo;小地毯 &rdquo;传给第一个队员,三人踩
着 &ldquo;小地毯 &rdquo;前进 30 米,其距离为 30 米(以一篮球场宽为准,来回),要求脚不能
触地,绕过障碍物回到起点,待三人全部过界后另一组将接过 &ldquo;地毯 &rdquo;以同样的方
式往回走,最先到达起点的为胜。按时间记名次。<br/>
    竞赛规则:(1)参赛队队员在起点线外准备。待一组队员全部到达终点时另一组
才能开始接力。(2)比赛过程中只要有脚触地的情况,均视为犯规。并按触地次数对比赛用时给
予增加。<br/>
<hr size="5" color="blue"/>
<p><a href="http://www.xuefudao.com"><img src="2.jpg" width="250" height=
"150" align="right"  border="0"/></a><strong>链接加速</strong></p>
    竞赛方法:参加游戏者 4 人一组,后边的人左手抬起前边的人的左腿,右手搭在前
边的人的右肩形成小火车,最后一名同学也要单脚跳步前进,不能双脚着地。场地上划好起跑线
和终点线,其距离为 30 米(以一篮球场宽为准,来回),游戏开始时,各队从起跑线出发,跳步前
进,绕过障碍物回到起点,最先到达起点的为胜。按时间记名次。<br/>
    竞赛规则:(1)游戏过程中队员必须跳步前进,不允许松手(一直保持抬起前边的
人的左腿),以防止出现断裂现象,队伍断裂必须重新组织好,从起点重新开始游戏。如果不重新
组织,继续前进,则成绩视为无效,记为 0 分;(2)以各队最后一名同学通过终点线为准;(3)比赛
过程中,参赛队必须在规定的赛道进行比赛,不许乱道,犯规一次扣时 2 秒,依次累加。<br/>
</body>
</html>
```

(3) 编写完成后保存为.html 或.htm 文件,然后用浏览器查看,效果如图 1-2 所示。

2)主要的标记及其功能分析

(1) 设置标题大小和对齐方式。其中数字为 1～6,数字越小,字号越大。

```
<h2 align="center">
```

(2) 插入图片。插入一幅宽为 200 像素、高为 150 像素、边框为 0 的图片,设置图片左对齐。

```
<img src="1.jpg" width="200" height="150" align="left"  border="0"/>
```

(3) 设置图像超链接。不仅可以为文本添加超链接,也可以为图片添加超链接。

```
<a href="http://www.xuefudao.com"><img src="1.jpg" width="200" height="150"
align="left" border="0"/></a>
```

4. 实验后的思考

试着为本例中的两个游戏名称添加超链接。

实验 3　表格标记的应用

1. 实验目的

学习 HTML 表格标记的应用。

2. 实验效果

本例的实验效果如图 1-3 所示。

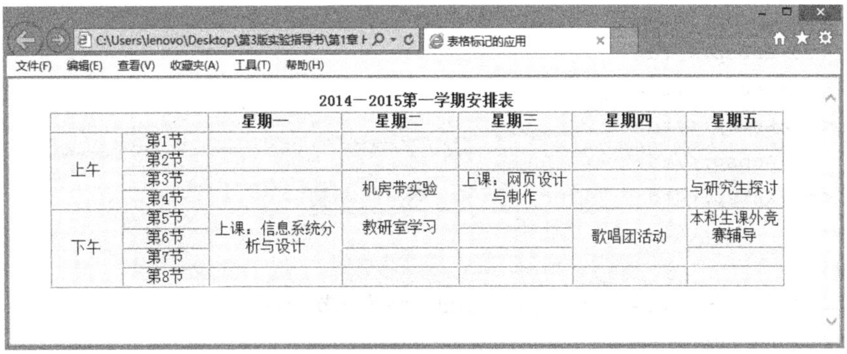

2014—2015第一学期安排表

		星期一	星期二	星期三	星期四	星期五
上午	第1节					
	第2节					
	第3节		机房带实验	上课：网页设计与制作		与研究生探讨
	第4节					
下午	第5节	上课：信息系统分析与设计	教研室学习		歌唱团活动	本科生课外竞赛辅导
	第6节					
	第7节					
	第8节					

图 1-3　表格页面

3. 实验步骤

1) 实验的具体步骤

(1) 新建一个记事本文档，并在记事本中输入以下语言代码。

```
<html>
<head>
<title>表格标记的应用</title>
</head>
<body>
<p align="center">
<table width="785" border="1" bgcolor="#CCFFFF" align="center" cellpadding=
"0" cellspacing="0">
<caption><strong>2014—2015 第一学期安排表</strong></caption>
  <tr>
    <th colspan="2" align="center"> </td>
    <th width="120" align="center">星期一</td>
```

```
    <th width="122" align="center">星期二</td>
    <th width="122" align="center">星期三</td>
    <th width="120" align="center">星期四</td>
    <th width="120" align="center">星期五</td>
  </tr>
  <tr>
    <td width="75" rowspan="4" align="center" valign="middle">上午</td>
    <td width="90" align="center" valign="middle">第 1 节</td>
    <td> </td>
    <td> </td>
    <td> </td>
    <td> </td>
    <td> </td>
  </tr>
  <tr>
    <td align="center" valign="middle">第 2 节</td>
    <td> </td>
    <td> </td>
    <td> </td>
    <td> </td>
    <td> </td>
  </tr>
  <tr>
    <td align="center" valign="middle">第 3 节</td>
    <td> </td>
    <td rowspan="2" align="center">机房带实验</td>
    <td rowspan="2" align="center">上课:网页设计与制作</td>
    <td> </td>
    <td rowspan="2" align="center">与研究生探讨</td>
  </tr>
  <tr>
    <td align="center" valign="middle">第 4 节</td>
    <td> </td>
    <td> </td>
  </tr>
  <tr>
    <td rowspan="4" align="center" valign="middle">下午</td>
    <td align="center" valign="middle">第 5 节</td>
    <td rowspan="3" align="center">上课:信息系统分析与设计</td>
    <td rowspan="2" align="center">教研室学习</td>
    <td> </td>
    <td rowspan="3" align="center">歌唱团活动</td>
    <td rowspan="2" align="center">本科生课外竞赛辅导</td>
  </tr>
```

```
  <tr>
    <td align="center" valign="middle">第 6 节</td>
    <td> </td>
  </tr>
  <tr>
    <td align="center" valign="middle">第 7 节</td>
    <td> </td>
    <td> </td>
    <td> </td>
  </tr>
  <tr>
    <td align="center" valign="middle">第 8 节</td>
    <td> </td>
    <td> </td>
    <td> </td>
    <td> </td>
    <td> </td>
  </tr>
</table>
<p> </p>
</body>
</html>
```

(2) 编写完成后保存为.html 或.htm 文件，然后用浏览器查看，效果如图 1-3 所示。

2) 主要的标记及其功能分析

(1) 设置表格宽度、边框宽度和颜色等。

```
<table width="785" border="1" bgcolor="#CCFFFF" align="center" cellpadding=
"0" cellspacing="0">
```

(2) 设置表格标题。

```
<caption><strong>2014—2015 第一学期安排表</strong></caption>
```

(3) 建立表头。

```
<tr>
  <th colspan="2" align="center"> </td>
  <th width="120" align="center">星期一</td>
  <th width="122" align="center">星期二</td>
  <th width="122" align="center">星期三</td>
  <th width="120" align="center">星期四</td>
  <th width="120" align="center">星期五</td>
</tr>
```

(4) 输入表格内容，涉及跨行时用 rowspan。

```
<tr>
  <td width="75" rowspan="4" align="center" valign="middle">上午</td>
  <td width="90" align="center" valign="middle">第 1 节</td>
  <td> </td>
  <td> </td>
  <td> </td>
  <td> </td>
  <td> </td>
</tr>
<tr>
  <td align="center" valign="middle">第 2 节</td>
  <td> </td>
  <td> </td>
  <td> </td>
  <td> </td>
  <td> </td>
</tr>
<tr>
  <td align="center" valign="middle">第 3 节</td>
  <td> </td>
  <td rowspan="2" align="center">机房带实验</td>
  <td rowspan="2" align="center">上课:网页设计与制作</td>
  <td> </td>
  <td rowspan="2" align="center">与研究生探讨</td>
</tr>
⋮
```

4. 实验后的思考

本例中使用了跨行标记 rowspan 和跨列标记 colspan，使用这两个标记设计一个不规则的表格。

实验 4　表单标记的应用

1. 实验目的

学习 HTML 表单标记的应用。

2. 实验效果

本例的实验效果如图 1-4 所示。

3. 实验步骤

1）实验的具体步骤

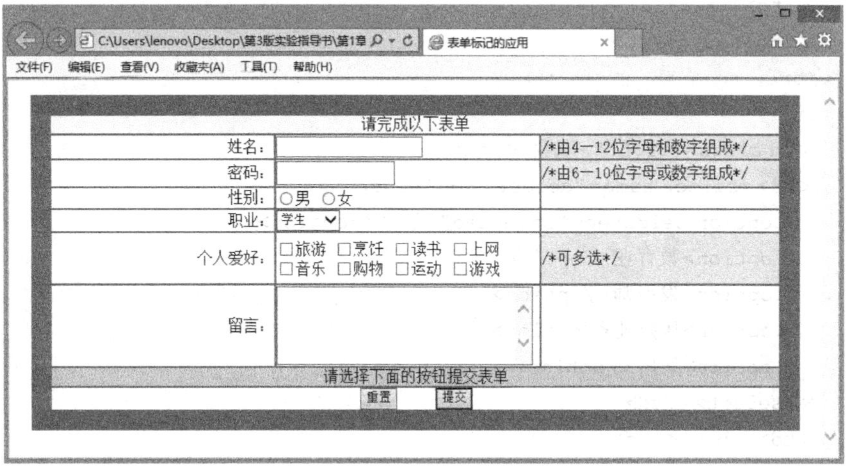

图 1-4　表单页面

(1) 新建一个记事本文档,并在记事本中输入以下语言代码。

```
<html>
<head>
<title>表单标记的应用</title>
</head>
<body>
<form id="form1" name="form1" method="post" action="">
  <table width="800" border="20" align="center" cellpadding="0" cellspacing=
  "0" bordercolor="red">
    <tr>
      <td colspan="3" align="center" bgcolor="#FFFF00">请完成以下表单</td>
    </tr>
    <tr>
      <td width="232" align="right">姓名:</td>
      <td width="273"><input name="textfield" type="text" id="textfield"
      size="20"/></td>
      <td width="249" bgcolor="#66FFFF">/* 由 4-12 位字母和数字组成* /</td>
    </tr>
    <tr>
      <td align="right">密码:</td>
      <td><input name="textfield2" type="password" id="textfield2" size=
     "16"/></td>
      <td bgcolor="#66FFFF">/* 由 6-10 位字母或数字组成* /</td>
    </tr>
    <tr>
      <td align="right">性别:</td>
      <td><input type="radio" name="radio" id="radio" value="radio"/>男
          <input type="radio" name="radio" id="radio2" value="radio"/>女
```

```
    </td>
    <td> </td>
  </tr>
  <tr>
    <td align="right">职业:</td>
    <td><select name="select" id="select">
      <option selected="selected">学生</option>
      <option>教育业</option>
      <option>发型师</option>
      <option>医疗业</option>
      <option>厨师</option>
    </select></td>
    <td> </td>
  </tr>
  <tr>
    <td height="53" align="right">个人爱好:</td>
    <td><input type="checkbox" name="checkbox" id="checkbox"/>旅游
        <input type="checkbox" name="checkbox2" id="checkbox2"/>烹饪
        <input type="checkbox" name="checkbox3" id="checkbox3"/>读书
        <input type="checkbox" name="checkbox4" id="checkbox4"/>上网<br/>
        <input type="checkbox" name="checkbox5" id="checkbox5"/>音乐
        <input type="checkbox" name="checkbox6" id="checkbox6"/>购物
        <input type="checkbox" name="checkbox7" id="checkbox7"/>运动
        <input type="checkbox" name="checkbox8" id="checkbox8"/>游戏
    </td>
    <td bgcolor="#66FFFF">/* 可多选* /</td>
  </tr>
  <tr>
    <td align="right">留言:</td>
    <td><textarea name="textarea" id="textarea" cols="35" rows="5">
   </textarea></td>
    <td> </td>
  </tr>
  <tr>
    <td colspan="3" align="center" bgcolor="#FFCC33">请选择下面的按钮提交表单
    </td>
  </tr>
  <tr>
    <td colspan="3" align="center"><input type="reset" name="button" id=
    "button" value="重置"/>
        <input type="submit" name="button2" id=
    "button2" value="提交"/></td>
  </tr>
</table>
```

```
</form>
</body>
</html>
```

(2) 编写完成后保存为.html 或.htm 文件,然后用浏览器查看,效果如图 1-4 所示。

2) 主要的标记及其功能分析

(1) 添加表单域。

```
<form id="form1" name="form1" method="post" action="">
```

(2) 在表单域中先添加一个表格,用来控制表单各项的输入。

```
<table width="800" border="20" align="center" cellpadding="0" cellspacing=
"0" bordercolor="red">
```

(3) 添加文本域。

```
<input name="textfield" type="text" id="textfield" size="20"/>
```

(4) 添加密码域。

```
<input name="textfield2" type="password" id="textfield2" size="16"/>
```

(5) 添加单选按钮。

```
<input type="radio" name="radio" id="radio" value="radio"/>男
```

(6) 添加下拉菜单。

```
<select name="select" id="select">
      <option selected="selected">学生</option>
      <option>教育业</option>
       ⋮
</select>
```

(7) 添加复选框。

```
<input type="checkbox" name="checkbox" id="checkbox"/>旅游
```

(8) 添加文本域。

```
<textarea name="textarea" id="textarea" cols="35" rows="5"></textarea>
```

(9) 添加“提交”和“重置”按钮。

```
<input type="reset" name="button" id="button" value="重置"/>
<input type="submit" name="button2" id="button2" value="提交"/>
```

4. 实验后的思考

表单是网页设计中常用的工具,试着用表单标记建立一个用户满意度调查表。

实验5　框架标记的应用

1. 实验目的

学习 HTML 框架标记的应用。

2. 实验效果

本例的初始页面效果如图 1-5 所示，单击“韩愈”超链接后的页面效果如图 1-6 所示。

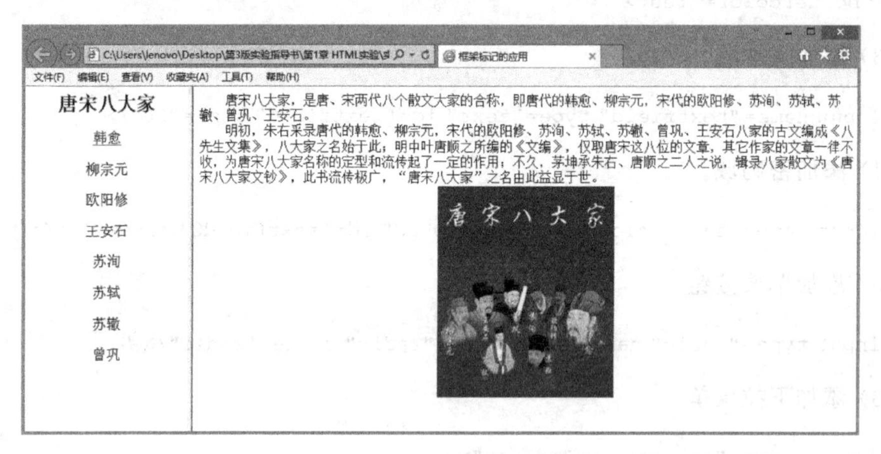

图 1-5　初始页面效果

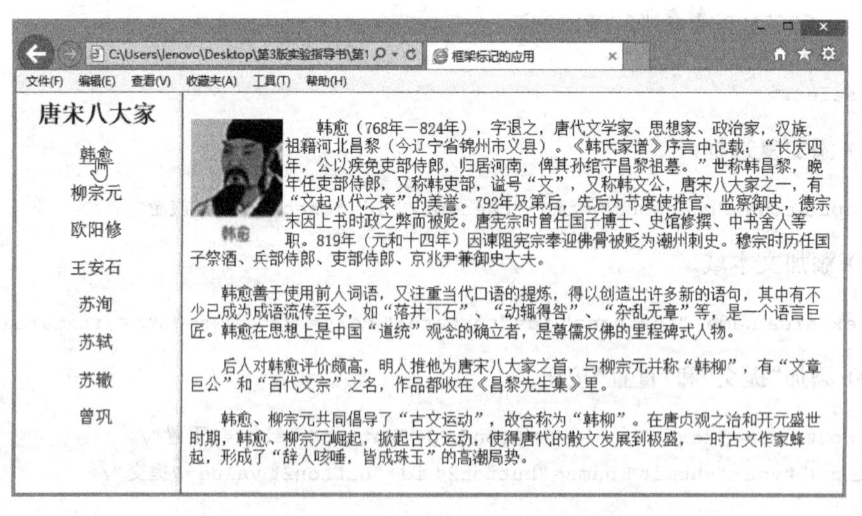

图 1-6　单击“韩愈”超链接后的页面效果

3. 实验步骤

1）实验的具体步骤

(1) 在记事本中分别输入下列 4 个文本并保存为.html 文档，而且必须将这 4 个.html 文档(main.html、menu.html、page0.html、page1.html)放在同一个目录下。

① 主文档(main.html)：

```
<html>
<head>
<title>框架标记的应用</title>
</head>
<frameset cols="20%,*">
<frame src="menu.html" scrolling="no" name="left">
<frame src="page0.html" scrolling="auto" name="main">
<noframes>
<body>
<p>对不起,您的浏览器不支持"框架"!</p>
</body>
</noframes>
</frameset>
</html>
```

② menu.html：

```
<html>
<head>
<title>目录</title>
</head>
</body>
<p align="center"><font size="5"><b>唐宋八大家</b></font></p>
<p align="center"><a href="page1.html" target="main"><font size="4">韩
愈</a></font></p>
<p align="center"><font size="4">柳宗元</font></p>
<p align="center"><font size="4">欧阳修</font></p>
<p align="center"><font size="4">王安石</font></p>
<p align="center"><font size="4">苏洵</font></p>
<p align="center"><font size="4">苏轼</font></p>
<p align="center"><font size="4">苏辙</font></p>
<p align="center"><font size="4">曾巩</font></p>
</body>
</html>
```

③ page0.html：

```
<html>
```

```
<head>
<title>初始页</title>
</head>
<body>
<table width="800" border="0" align="center" cellpadding="0" cellspacing="0">
  <tr>
    <td>    唐宋八大家，是唐、宋两代八个散文大家的合称，即唐代的韩愈、柳宗元，宋代的欧阳修、苏洵、苏轼、苏辙、曾巩、王安石。<br/>
        明初，朱右采录唐代的韩愈、柳宗元，宋代的欧阳修、苏洵、苏轼、苏辙、曾巩、王安石八家的古文编成《八先生文集》，八大家之名始于此；明中叶唐顺之所编的《文编》，仅取唐宋这八位的文章，其他作家的文章一律不收，为唐宋八大家名称的定型和流传起了一定的作用；不久，茅坤承朱右、唐顺之二人之说，辑录八家散文为《唐宋八大家文钞》，此书流传极广，&ldquo;唐宋八大家 &rdquo;之名由此益显于世。<br/>
  </td>
  </tr>
  <tr>
    <td align="center"><img src="1.jpg" width="215" height="250"/></td>
  </tr>
</table>
</body>
</html>
```

④ page1.html：

```
<html>
<head>
<title>韩愈</title>
</head>
<body>
<p><br/><img src="2.jpg" width="94" height="120" align="left"/>
        韩愈(768年—824年)，字退之，唐代文学家、思想家、政治家，汉族，祖籍河北昌黎(今辽宁省锦州市义县)。《韩氏家谱》序言中记载：&ldquo;长庆四年，公以疾免吏部侍郎，归居河南，俾其孙绾守昌黎祖墓。&rdquo;世称韩昌黎，晚年任吏部侍郎，又称韩吏部，谥号 &ldquo;文 &rdquo;，又称韩文公，唐宋八大家之一，有 &ldquo;文起八代之衰 &rdquo;的美誉。792年及第后，先后为节度使推官、监察御史，德宗末因上书时政之弊而被贬。唐宪宗时曾任国子博士、史馆修撰、中书舍人等职。819年(元和十四年)因谏阻宪宗奉迎佛骨被贬为潮州刺史。穆宗时历任国子祭酒、兵部侍郎、吏部侍郎、京兆尹兼御史大夫。</p>
    <p>    韩愈善于使用前人词语，又注重当代口语的提炼，得以创造出许多新的语句，其中有不少已成为成语流传至今，如 &ldquo;落井下石 &rdquo;、&ldquo;动辄得咎 &rdquo;、&ldquo;杂乱无章 &rdquo;等，是一个语言巨匠。韩愈在思想上是中国 &ldquo;道统 &rdquo;观念的确立者，是尊儒反佛的里程碑式人物。</p>
    <p>    后人对韩愈评价颇高，明人推他为唐宋八大家之首，与柳宗元并称 &ldquo;韩柳 &rdquo;，有 &ldquo;文章巨公 &rdquo;和 &ldquo;百代文宗 &rdquo;之名，作品都收在《昌黎先生集》里。</p>
    <p>    韩愈、柳宗元共同倡导了 &ldquo;古文运动 &rdquo;，故合称为 &ldquo;韩柳 &rdquo;。在唐贞观之治和开元盛世时期，韩愈、柳宗元崛起，掀起古文运
```

```
动,使得唐代的散文发展到极盛,一时古文作家蜂起,形成了 &ldquo;辞人咳唾,皆成珠玉
&rdquo;的高潮局势。</p>
</body>
</html>
```

(2) 编写完成后保存为.html 或.htm 文件,然后用浏览器查看,开始页面如图 1-5 所示,单击“韩愈”超链接后如图 1-6 所示。

2) 主要的标记及其功能分析

(1) 定义一个左右结构的框架。

```
<frameset cols="20%,* ">
```

(2) 对左右框架作具体的定义。

```
<frame src="menu.html" scrolling="no" name="left">
<frame src="page0.html" scrolling="auto" name="main">
```

(3) 设置不支持框架的提示信息。

```
<noframes>
<body>
<p>对不起,您的浏览器不支持"框架"! </p>
</body>
</noframes>
```

4. 实验后的思考

试着设计一个含有上、中、下框架的网页,要求单击上框架的超链接,链接内容显示在中框架,看看需要注意什么问题。

实验 6　制作一个网站首页

1. 实验目的

掌握 HTML 标记的综合使用方法,学会用 HTML 设计一个简单的网站首页。

2. 实验效果

本例的实验效果如图 1-7 所示。

3. 实验步骤

(1) 编写页面前先规划好页面结构,如图 1-8 所示。

(2) 将需要显示的图片等元素和链接页面存放在指定的文件夹内,以便下面编写的 HTML 文档调用。

图 1-7 网页首页

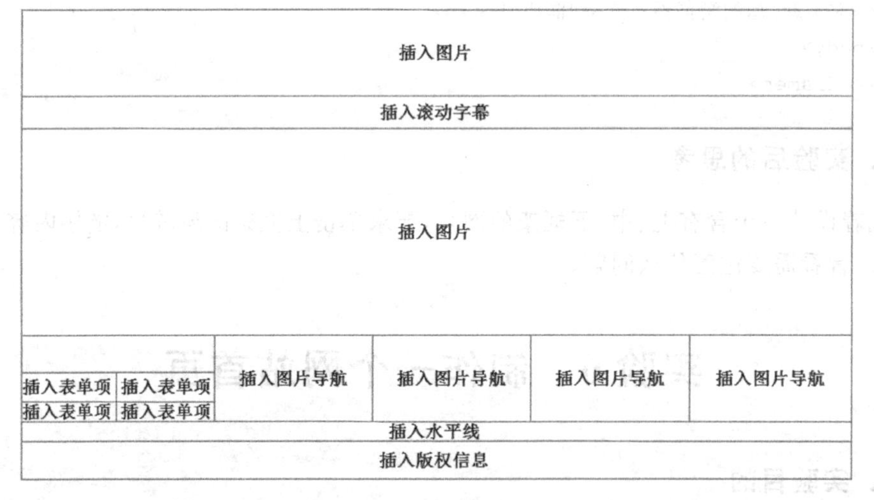

图 1-8 页面规划结构图

(3) 新建一个记事本文档,并在记事本中输入以下语言代码。

```
<html>
<head>
<title>制作一个网站首页</title>
<style type="text/css">
body,td,th {
    font-size: 12px;
    color: #FF3;
}
```

```
body {
    margin-left: 0px;
    margin-top: 0px;
    margin-right: 0px;
    margin-bottom: 0px;
}
</style>
</head>
<body>
<table  bgcolor="#993300" width="960" border="0" align="center" cellpadding=
"0" cellspacing="0">
  <tr>
    <td height="130" colspan="6" align="center"><img src="images/logo.jpg"
    width="960" height="130"/></td>
  </tr>
  <tr>
    <td height="40" colspan="6" align="center"><marquee  behavior=slide
    scrollamount="3">你是否也在寻找一方净土,净化自己那颗尚未定性的心? 端起一杯咖
    啡,放一首你爱的音乐,细细品味人生百态,似水流年。时光也是这样一杯咖啡,沉淀了它的
    苦,只为你留下香。</marquee>
    </td>
  </tr>
  <tr>
    <td height="325" colspan="6" align="center"><img src="images/zt.jpg"
    width="960" height="325"/></td>
  </tr>
  <tr>
    <td height="41" colspan="2" align="center"> </td>
    <td width="190" rowspan="3" align="center"><a href="cfzl.html"><img src=
   "images/menu1.png" width="190" height="107" border="0"/></a></td>
    <td width="190" rowspan="3" align="center"><a href="cfwh.html"><img src=
   "images/menu2.png" width="190" height="107" border="0"/></a></td>
    <td width="190" rowspan="3" align="center"><a href="cfjs.html"><img src=
   "images/menu3.png" width="190" height="107" border="0"/></a></td>
    <td width="190" rowspan="3" align="center"><a href="cylt.html"><img src=
   "images/menu4.png" width="190" height="107" border="0"/></a></td>
  </tr>
  <tr>
    <td width="134" height="33" align="left">账号:<input name="textfield"
    type="text" id="textfield" size="10">
    </td>
    <td width="66" align="center">
      <form id="form1" name="form1" method="post" action=""><input type=
      "submit" name="button" id="button" value="登录"/></form>
```

```
    </td>
  </tr>
  <tr>
    <td height="21" align="left">密码:<input name="textfield2" type="password"
    id="textfield2" size="10">
    </td>
    <td height="21" align="center">
      <form id="form2" name="form2" method="post" action=""><input type=
      "submit" name="button2" id="button2" value="注册"/></form>
    </td>
  </tr>
  <tr>
    <td height="18" colspan="6" align="center"><hr size="2"  color=
    "#FF6600"/></td>
  </tr>
  <tr>
    <td height="42" colspan="6" align="center">
      <p align="center" >关于我们|联系我们|意见反馈|网站地图|版权声明 <br/>
      Copyright &copy; 2013 Coffeetime. All Rights Reserved</p>
    </td>
  </tr>
</table>
<embed src="I Love You.mp3"  hidden="True" autostart="True" loop="True">
</embed>
</body>
</html>
```

(4) 编写完成后保存为.html或.htm文件,然后用浏览器查看,效果如图1-7所示。

下面对主要的标记及其功能作简单分析。

(1) 用CSS(层叠样式表)统一设置页面中的文本大小和颜色,并将页面的上下左右边距设为0。

```
<style type="text/css">
  body,td,th {
    font-size: 12px;
    color: #FF3;
  }
  body {
    margin-left: 0px;
    margin-top: 0px;
    margin-right: 0px;
    margin-bottom: 0px;
  }
</style>
```

(2) 插入滚动字幕。

<marquee behavior=slide scrollamount="3">你是否也在寻找一方净土，净化自己那颗尚未定性的心？端起一杯咖啡，放一首你爱的音乐，细细品味人生百态，似水流年。时光也是这样一杯咖啡，沉淀了它的苦，只为你留下香。</marquee>

(3) 插入图片并设置超链接制作导航项。

```
<a href="cfzl.html"><img src="images/menu1.png" width="190" height="107"
border="0"/></a>
```

(4) 插入表单文本域。

```
账号:<input name="textfield" type="text" id="textfield" size="10">
```

(5) 插入表单按钮。

```
<form id="form1" name="form1" method="post" action=""><input type="submit"
name="button" id="button" value="登录"/></form>
```

(6) 插入背景音乐。

```
<embed src="I Love You.mp3"  hidden="true" autostart="true" loop="true">
</embed>
```

4. 实验后的思考

试着将 CSS 统一设置页面中文本大小和颜色的那段代码删除，在页面中分别为文本设置大小和颜色，对比这两种方法，想一想使用 CSS 的好处。

第2章 CSS修饰页面的实验

CSS是能够真正做到网页表现与内容分离的一种样式设计语言。在CSS标准里，不仅重新定义了HTML原有的样式，如文字的大小、颜色等，更加入了重叠文字、区块变化及任意位置放置等多项新属性。通过CSS可以实现对网页的外观和排版进行更灵活、更精确的控制，使网页更美观，同时，也让网页的设计与维护更有效率。

实验1 用CSS制作首字下沉图文混排和动态超链接的效果

1. 实验目的

制作首字下沉的图文混排效果，并且给超链接加上动态效果。

2. 实验效果

本例的实验效果如图2-1所示。

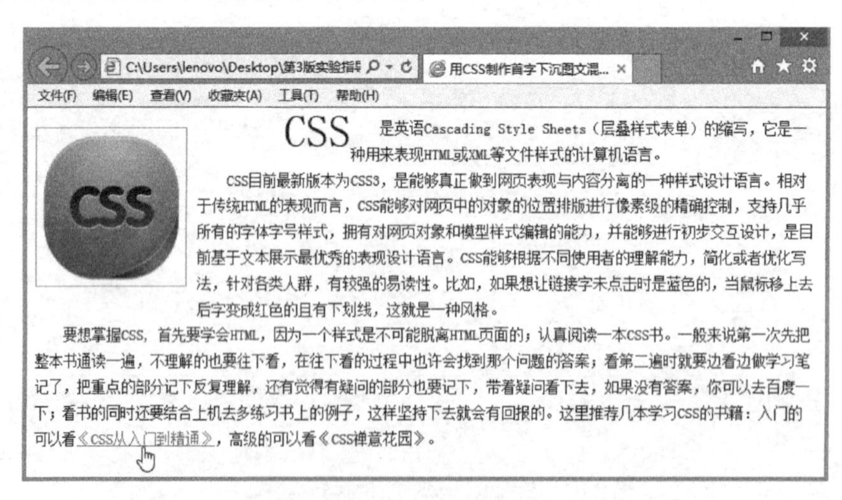

图2-1 带有首字下沉图文混排和动态超链接效果的页面

3. 实验步骤

(1) 用记事本新建一个文本文件，输入下列代码，建立本例的 HTML 结构。其中插入了图片、文字和超链接，并将开头的 CSS 放入了行内标记 span 内，效果如图 2-2 所示。

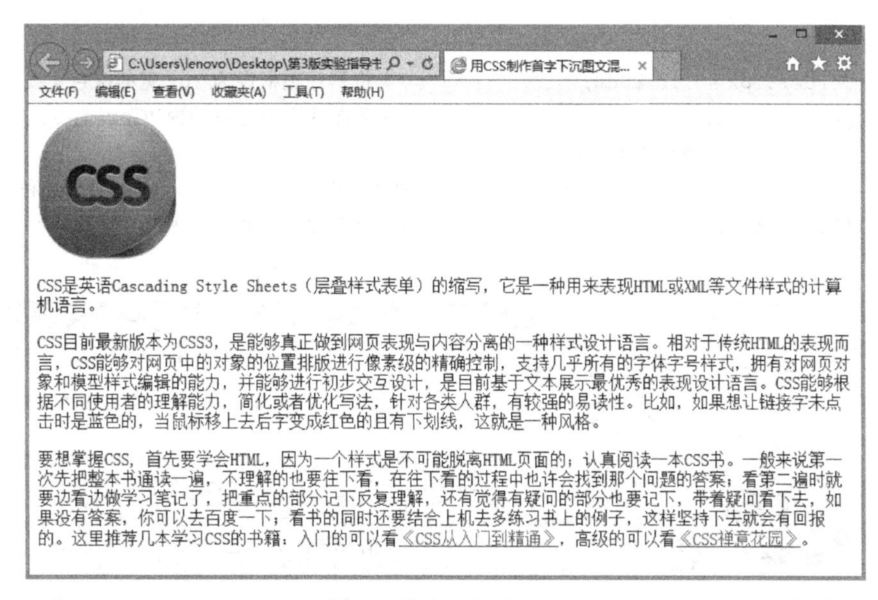

图 2-2　新建一个普通页面

```
<html>
<head>
<title>用 CSS 制作首字下沉图文混排和动态超链接效果</title>
</head>
<body>
    <img src="image/css.jpg" width="135" height="135"/>
    <p><span>CSS</span>是英语 Cascading Style Sheets(层叠样式表单)的缩写,它是一种用来表现 HTML 或 XML 等文件样式的计算机语言。</p>
    <p>CSS 目前最新版本为 CSS3,是能够真正做到网页表现与内容分离的一种样式设计语言。相对于传统 HTML 的表现而言,CSS 能够对网页中的对象的位置排版进行像素级的精确控制,支持几乎所有的字体字号样式,拥有对网页对象和模型样式编辑的能力,并能够进行初步交互设计,是目前基于文本展示最优秀的表现设计语言。CSS 能够根据不同使用者的理解能力,简化或者优化写法,针对各类人群,有较强的易读性。比如,如果想让链接字未点击时是蓝色的,当鼠标移上去后字变成红色的且有下划线,这就是一种风格。</p>
    <p>要想掌握 CSS, 首先要学会 HTML,因为一个样式是不可能脱离 HTML 页面的;认真阅读一本 CSS 书。一般来说第一次先把整本书通读一遍,不理解的也要往下看,在往下看的过程中也许会找到那个问题的答案;看第二遍时就要边看边做学习笔记了,把重点的部分记下反复理解,还有觉得有疑问的部分也要记下,带着疑问看下去,如果没有答案,你可以去百度一下;看书的同时还要结合上机去多练习书上的例子,这样坚持下去就会有回报的。这里推荐几本学习 CSS 的书籍:入门的可以看<a href="#">《CSS 从入门到精通》</a>,高级的可以看<a href="#">《CSS 禅意花园》</a>。</p>
```

```
</body>
</html>
```

(2) 在 head 标记中输入代码：<style type="text/css"></style>，然后在 style 标记之间输入下列 CSS 代码用于设置图片的属性，效果如图 2-3 所示。

```
img{
    border:1px solid #0C0;                  /*将图片边框设为1px宽的绿色实线*/
    padding:5px;                            /*将图片上下左右的内边距设为5px*/
    margin:10px 10px 10px 0px;
                         /*将图片上下左右的外边距依次设为10px、10px、10px和0px */
    float:left;                             /*将图片浮动属性设为向左浮动*/
}
```

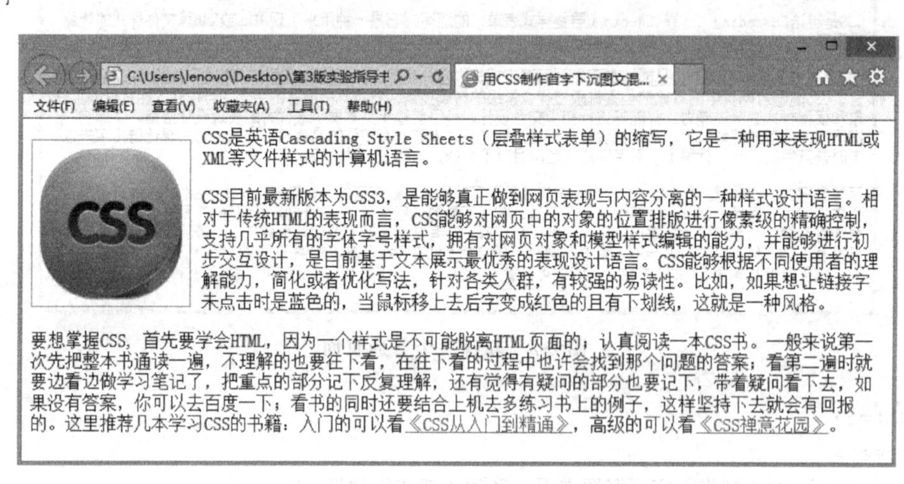

图 2-3　用 CSS 设置图片的属性

(3) 接着输入下列 CSS 代码，用 CSS 设置段落文本的属性，效果如图 2-4 所示。

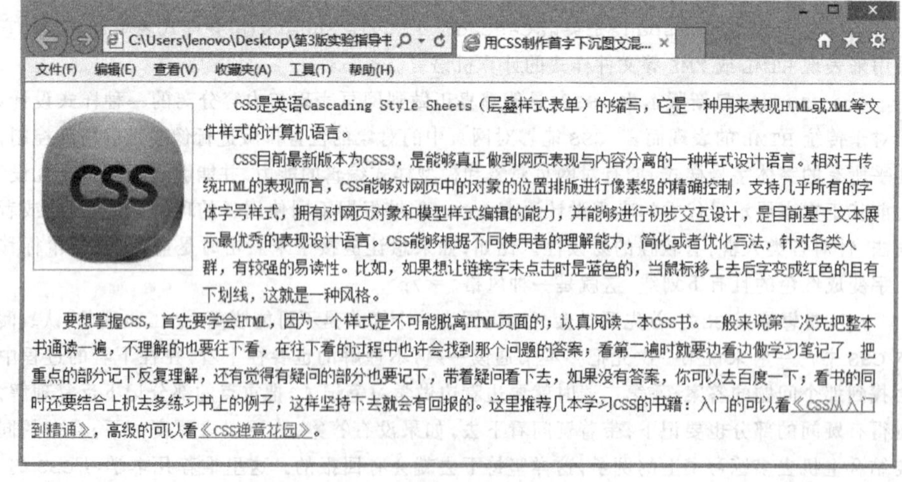

图 2-4　用 CSS 设置段落的属性

```
p{
    margin:0px;
    font-size:14px;
    line-height:1.7em;              /*设置行高*/
    text-indent:2em;                /*将段落首字缩进2个空格*/
}
```

(4) 输入下列 CSS 代码,用 CSS 设置首字下沉的效果。主要通过将开头的文字 CSS 字号放大,并设置左浮动,使它可以下沉,效果如图 2-5 所示。

```
span{
    font-size:3em;
    float:left;
    margin:5px 0px 0px 0px;
}
```

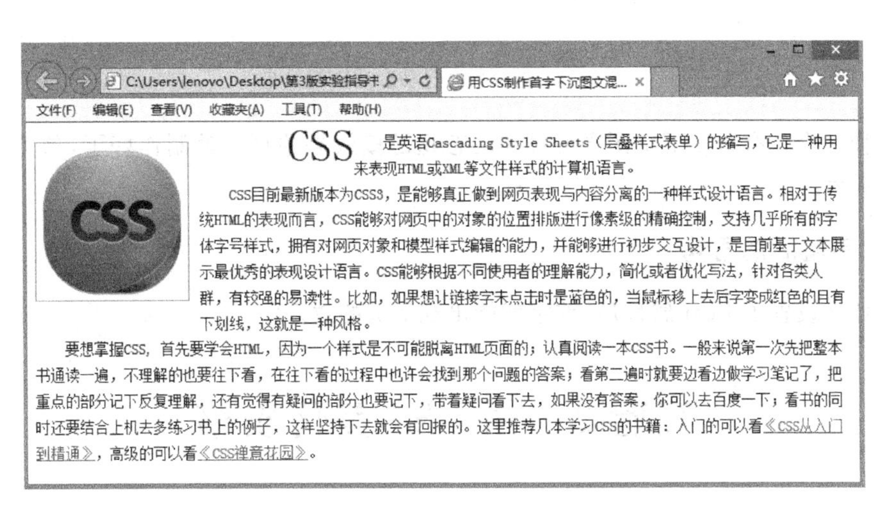

图 2-5　用 CSS 设置首字下沉效果

(5) 输入下列 CSS 代码,用 CSS 设置动态超链接效果,效果如图 2-6 所示。

```
a:link {
    color: #000000;text-decoration: none;
                        /*设置超链接在正常浏览时的状态:黑色、无下划线*/
}
a:visited {
    color: #0000FF;                 /*设置超链接单击过的样式:蓝色*/
}
a:hover {
    color: #FF0000;text-decoration: underline;
                        /*设置鼠标悬停在超链接上的样式:红色、有下划线*/
}
a:active {
```

```
    color: #FFFF00;            /* 设置在鼠标键按下与释放之间超链接的样式：黄色 */
}
```

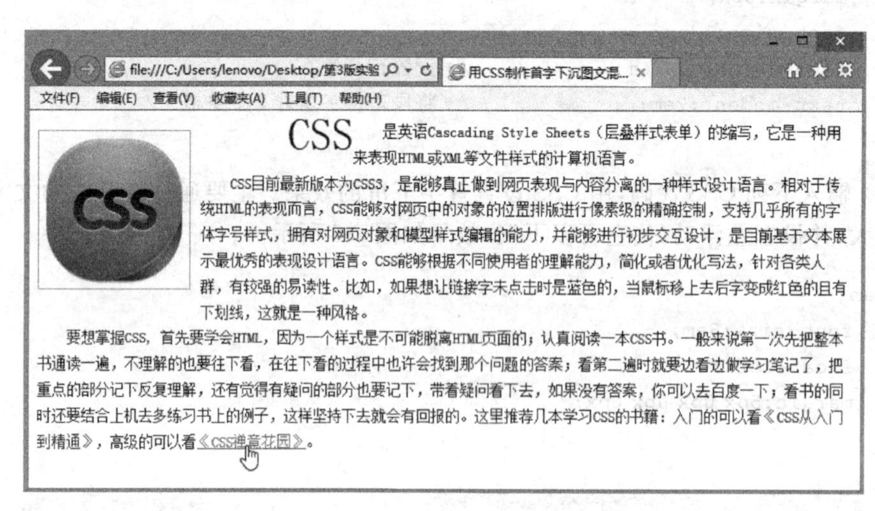

图 2-6　用 CSS 设置动态超链接效果

这样一个带有首字下沉图文混排和动态超链接效果的页面就制作好了，预览效果如图 2-1 所示。

4. 实验后的思考

为什么设置了 float 属性后，首字就能出现下沉的效果？

实验 2　用 CSS 美化表格

1. 实验目的

用 CSS 对一个表格进行美化。

2. 实验效果

本例的实验效果如图 2-7 所示。

3. 实验步骤

(1) 用记事本新建一个文本文件，输入下列代码，建立本例的 HTML 结构，效果如图 2-8 所示。

```
<html>
<head>
<title>表格的美化</title>
</head>
```

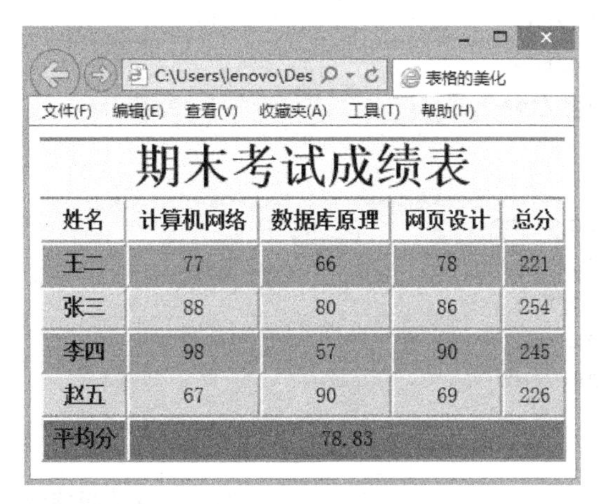

期末考试成绩表

姓名	计算机网络	数据库原理	网页设计	总分
王二	77	66	78	221
张三	88	80	86	254
李四	98	57	90	245
赵五	67	90	69	226
平均分	78.83			

图 2-7　美化后的表格效果

```
<body>
<table width="400" border="0" cellspacing="0" >
<caption>期末考试成绩表</caption>
    <thead>                                         /!--定义表格的表头--/
      <tr>
        <th>姓名</th>
        <th>计算机网络</th>
        <th>数据库原理</th>
        <th>网页设计</th>
        <th>总分</th>
      </tr>
    </thead>
    <tbody>                                         /!--定义表格的表体--/
         <tr class="even">
        <th>王二</th>
        <td>77</td>
        <td>66</td>
        <td>78</td>
        <td>221</td>
       </tr>
      <tr>
          <th>张三</th>
          <td>88</td>
          <td>80</td>
          <td>86</td>
          <td>254</td>
       </tr>
       <tr class="even">
          <th>李四</th>
          <td>98</td>
```

```
            <td>57</td>
            <td>90</td>
            <td>245</td>
        </tr>
        <tr>
            <th>赵五</th>
            <td>67</td>
            <td>90</td>
            <td>69</td>
            <td>226</td>
        </tr>
        </tbody>
        <tfoot>                                        /!--定义表格的表尾--/
          <tr>
            <th>平均分</th>
            <td colspan="4">78.83</td>
        </tr>
      </tfoot>
</table>
</body>
</html>
```

注释：每个表格可以有一个表头、一个表尾和一个或多个表体，分别以 thead、tfoot 和 tbody 元素表示。用 tbody 这个标记可以控制表格分行下载，当表格内容很大时比较实用，tbody 包含的行的内容下载完成后优先显示，不必等待整个表格都下载完。

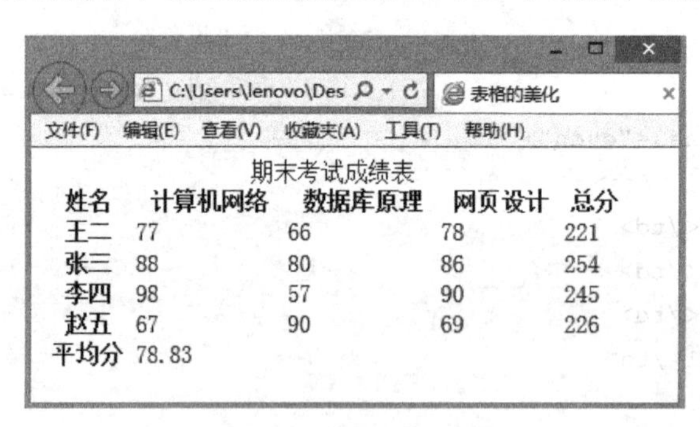

图 2-8 创建一个表格

(2) 在 head 标记中输入代码：<style type="text/css"></style>，然后在 style 标记之间输入下列 CSS 代码对表格做一些统一修饰，效果如图 2-9 所示。

```
table {
      font-family: "隶书";
      font-size: 16px;
      text-align: center;
}
```

C:\Users\lenovo\Des 表格的美化

文件(F) 编辑(E) 查看(V) 收藏夹(A) 工具(T) 帮助(H)

期末考试成绩表

姓名	计算机网络	数据库原理	网页设计	总分
王二	77	66	78	221
张三	88	80	86	254
李四	98	57	90	245
赵五	67	90	69	226
平均分		78.83		

图 2-9　用 CSS 整个表格做统一修饰

(3) 输入下列 CSS 代码，用 CSS 对表格标题做一些修饰，效果如图 2-10 所示。

```
table caption {
    font-size: 36px;
    font-weight: bold;
    background-color: #FF0;
    border-top-style:solid;
    border-bottom-width: 2px;
    border-bottom-style:solid;
    border-top-color: #F00;
    border-bottom-color: #F00;
}
```

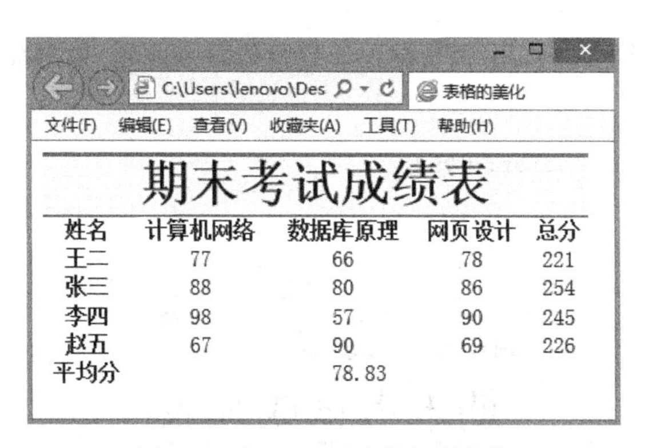

姓名	计算机网络	数据库原理	网页设计	总分
王二	77	66	78	221
张三	88	80	86	254
李四	98	57	90	245
赵五	67	90	69	226
平均分		78.83		

图 2-10　用 CSS 对表格标题修饰

(4) 输入下列 CSS 代码，用 CSS 对表格的表体背景、边框、内边距等做一些修饰，改变表格表头和表尾的背景颜色，效果如图 2-11 所示。

```
tbody tr {
        background-color: #ccc;
}
td,th {
        border: 2px solid #eee;
        border-right-color: #999;
        border-bottom-color: #999;
```

```
        padding: 5px;
}
thead {
        background-color: #f7f2ea;
}
tfoot {
        background-color: #06F;
}
```

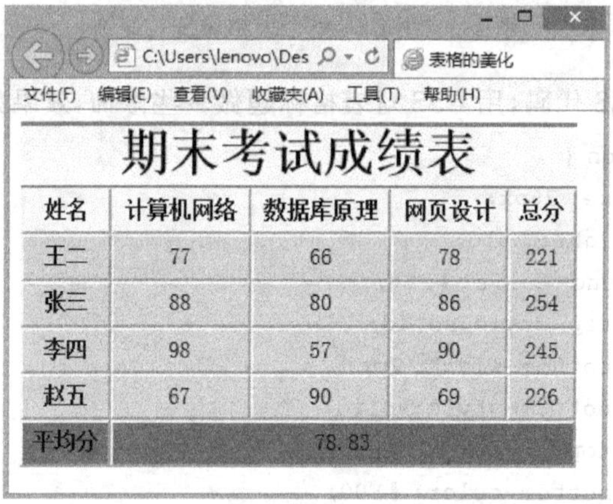

图 2-11　用 CSS 分别对表体、表头和表尾进行修饰

(5) 输入下列 CSS 代码，用 CSS 设置单数行的背景颜色，效果如图 2-12 所示。

```
tr.even {
        background-color: #999;
}
```

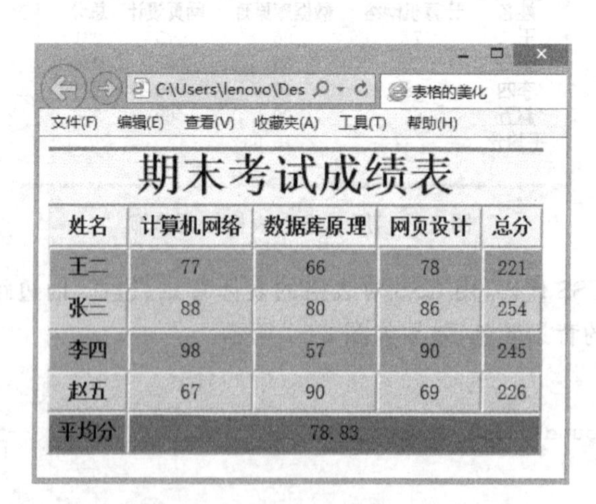

图 2-12　用 CSS 对单数行修饰

制作完毕，用 CSS 对表格修饰后的效果如图 2-7 所示。

4. 实验后的思考

在 CSS 使用过程中可能会出现在不同的浏览器中效果不一致的兼容性问题。例如，本例如果加上 CSS 语句 tbody tr:hover{ background: #6CC; }，可以在 Firefox、360 等浏览器中实现表格行在鼠标滑过时变色的效果，但在 IE 浏览器中就不行，可能要通过编程的方式来解决。

实验3　用 CSS 美化表单

1. 实验目的

用 CSS 对一个表单进行美化。

2. 实验效果

本例的实验效果如图 2-13 所示。

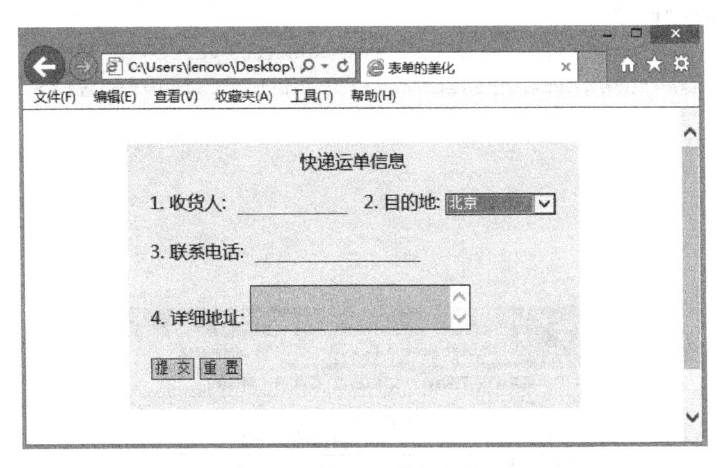

图 2-13　用 CSS 美化的表单

3. 实验步骤

(1) 用记事本新建一个文本文件，输入下列代码，建立本例的 HTML 结构，效果如图 2-14 所示。

```
<html>
<head>
<title>表单的美化</title>
</head>
<body>
<div class="exlist">
```

```
<center>快递运单信息</center>
<form method="post" action="">
<div class="row">
1. 收货人:<input style="width:100px" class="txt" type="text"/>
2. 目的地:
<select>
<option>北京</option>
<option>上海</option>
<option>武汉</option>
<option>南昌</option>
</select>
</div>
<div class="row">
3. 联系电话:<input class="txt" type="text"/>
</div>
<div class="row">
4. 详细地址: <textarea name="sign" cols="20" rows="4"></textarea>
</div>
<div class="row">
<input class="btn" type="submit" name="Submit" value="提 交"/>
<input class="btn" type="reset" name="Submit2" value="重 置"/>
</div>
</form>
</div>
</body>
</html>
```

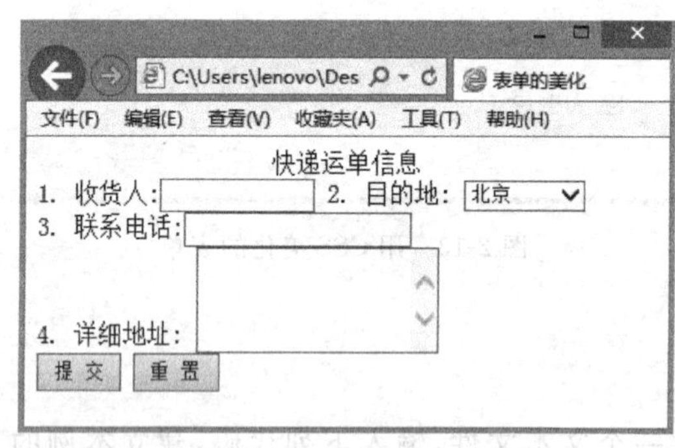

图 2-14 新建一个表单

(2) 在 head 标记中输入代码：<style type="text/css"></style>，然后在 style 标记之间输入下列 CSS 代码用来修饰层 div，一个<div></div>相当于一个一行一列的表格，效果如图 2-15 所示。

```
.exlist{
    background-color:#F9EE70;
```

```
    margin:30px auto;
    padding:5px;
    width:400px;
    min-height:200px;
    height:auto;
    font-family:"微软雅黑";
}
```

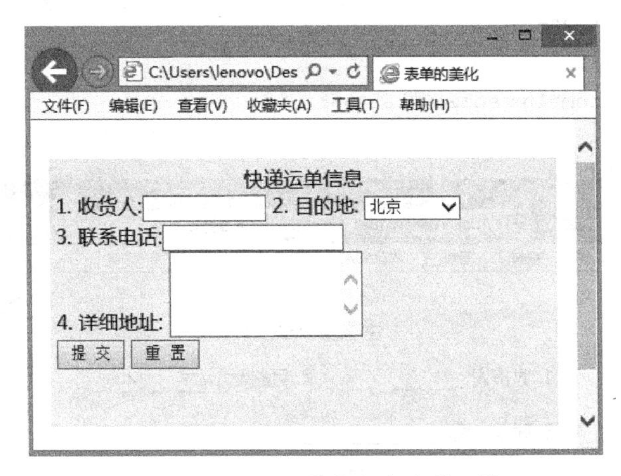

图 2-15　用 CSS 修饰整个表单区域

(3) 输入下列 CSS 代码,用 CSS 设置层中每一行的效果,效果如图 2-16 所示。

```
div.row {
    margin:10px;
    padding:5px;
}
```

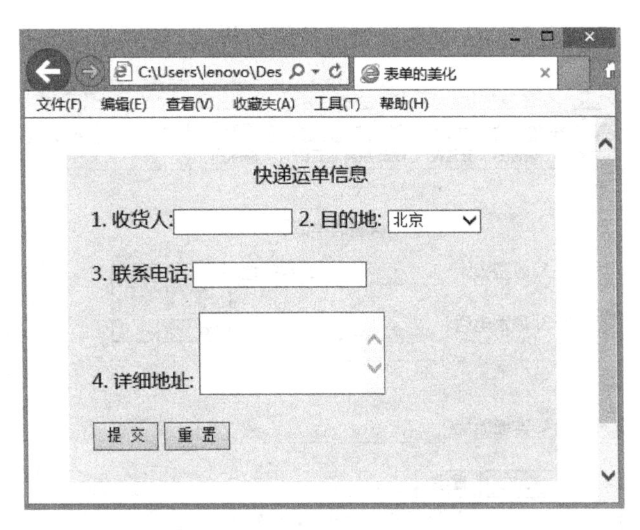

图 2-16　用 CSS 设置层中每一行的效果

(4) 输入下列 CSS 代码,用 CSS 设置文本框的样式,效果如图 2-17 所示。

```
input.txt{
    background-color:#F9EE70;
    color:#333;
    width:150px;
    height:20px;
    margin:0 10px;
    font-size:16px;
    line-height:20px;
    border:none;
    border-bottom:1px solid #565656;
}
```

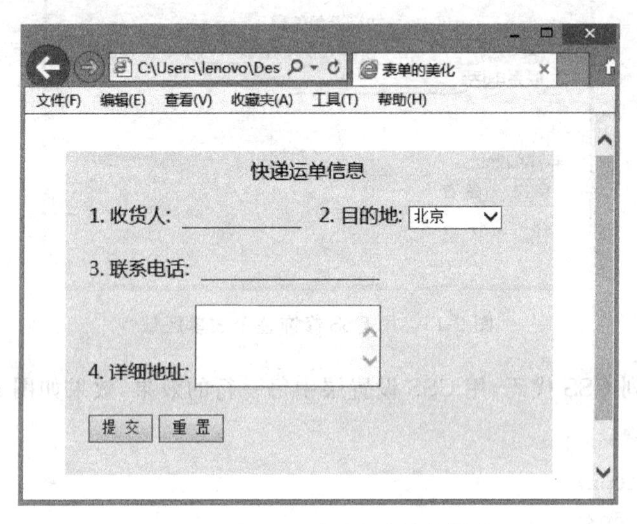

图 2-17　用 CSS 设置文本框的样式

(5) 输入下列 CSS 代码,用 CSS 设置下拉框的样式,效果如图 2-18 所示。

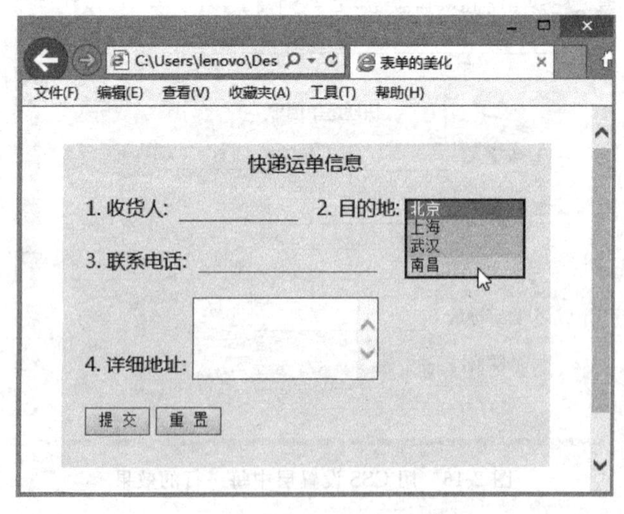

图 2-18　用 CSS 设置下拉框的样式

```
select{
    width: 100px;
    color: #00008B;
    background-color: #ADD8E6;
    border: 1px solid #00008B;
}
```

(6) 输入下列 CSS 代码，用 CSS 设置多行文本域的样式，效果如图 2-19 所示。

```
textarea{
    width: 200px;
    height: 40px;
    color: #00008B;
    background-color: #ADD8E6;
    border: 1px inset #00008B;
}
```

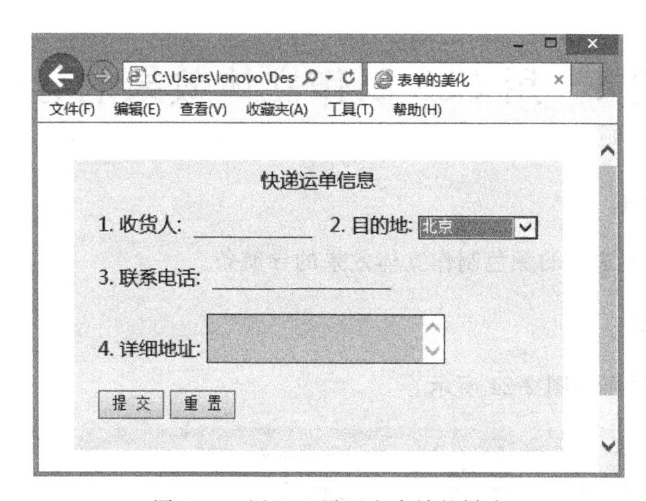

图 2-19 用 CSS 设置文本域的样式

(7) 输入下列 CSS 代码，用 CSS 设置按钮的样式，效果如图 2-20 所示。

```
input.btn{                           /* 按钮单独设置 */
    color: #00008B;
    background-color: #ADD8E6;
    border: 1px outset #00008B;
    padding: 1px 2px 1px 2px;
}
```

这样一个用 CSS 修饰表单后的页面就制作好了，预览效果如图 2-13 所示。

4. 实验后的思考

体会使用一个层来放置表单的好处。

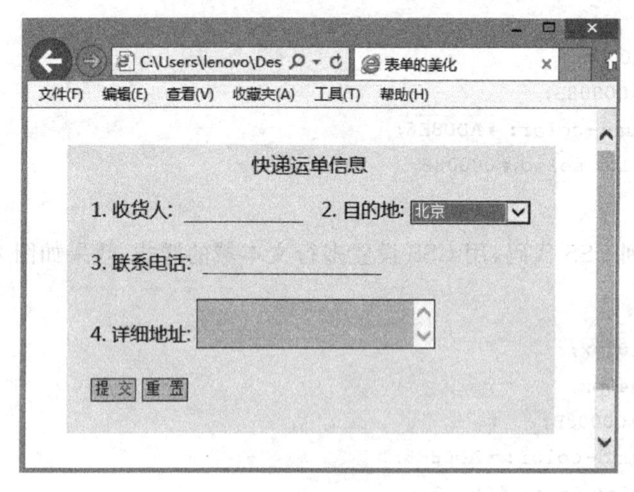

图 2-20　用 CSS 设置按钮的样式

实验 4　用 CSS 制作立体效果的导航条

1. 实验目的

利用 CSS 设置边框的颜色制作立体效果的导航条。

2. 实验效果

本例的实验效果如图 2-21 所示。

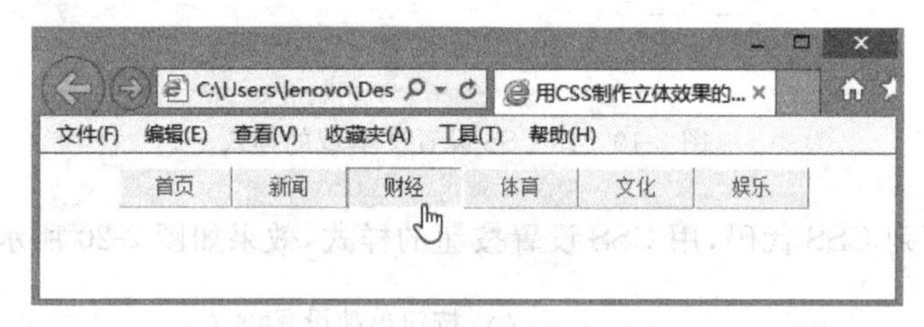

图 2-21　立体效果的导航条

3. 实验步骤

(1) 用记事本新建一个文本文件，输入下列代码，建立本例的 HTML 结构，效果如图 2-22 所示。

```
<html>
<head>
<title>用 CSS 制作立体效果的导航条</title>
</head>
```

```
<body>
<ul>                                    /!--建立无序列表--/
<li><a href="#">首页</a></li>           /!--建立列表项--/
<li><a href="#">新闻</a></li>
<li><a href="#">财经</a></li>
<li><a href="#">体育</a></li>
<li><a href="#">文化</a></li>
<li><a href="#">娱乐</a></li>
</ul>
</body>
</html>
```

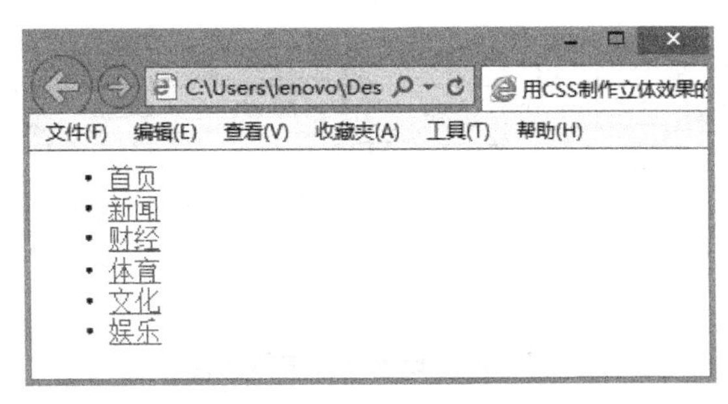

图 2-22 建立一个具有普通列表的页面

(2) 在 head 标记中输入代码：<style type="text/css"></style>，然后在 style 标记之间输入下列 CSS 代码用于设置列表的属性，效果如图 2-23 所示。

```
li {
    list-style-type:none;          /*设置列表符号无*/
    float:left;              /*设置所有的列表项浮动方式为左浮动,形成横向排列导航*/
    width:70px;              /*设置每个列表项的宽度为70像素*/
}
```

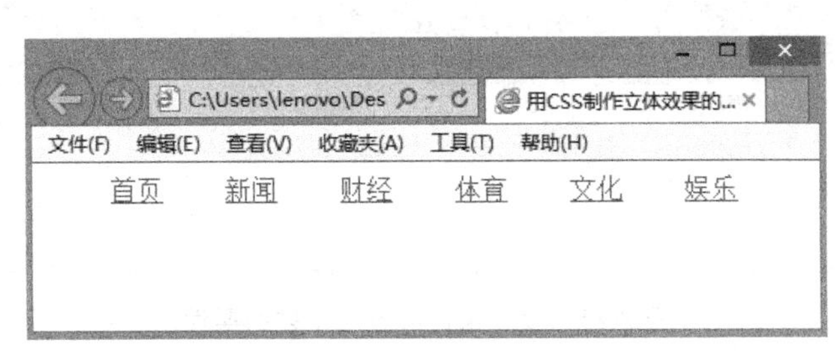

图 2-23 用 CSS 设置列表属性

(3) 输入下列 CSS 代码设置导航项的属性。其中在设置边框时，为每个边设置了不同的边框颜色，右边框和下边框的颜色稍微深一些，这样使得导航项更具立体感，效果如图 2-24 所示。

```
li a{
    font-size:12px;                        /*设置字体的大小*/
```

```
    color:#777;                          /* 设置字体的颜色 */
    text-decoration:none;                /* 设置字体无下划线 */
    padding:4px;                         /* 设置字体的内边距 */
    background-color:#f7f2ea;            /* 设置字体的背景颜色 */
    display:block;                       /* 设置以块级显示 */
    border-width:1px;                    /* 设置边框为1像素 */
    border-style:solid;                  /* 设置边框为实线 */
    border-color:#ffe #aaab9c #ccc #fff;
                                     /* 设置边框时,为每个边设置了不同的边框颜色 */
    text-align:center;               /* 设置文本对齐方式为居中 */
}
```

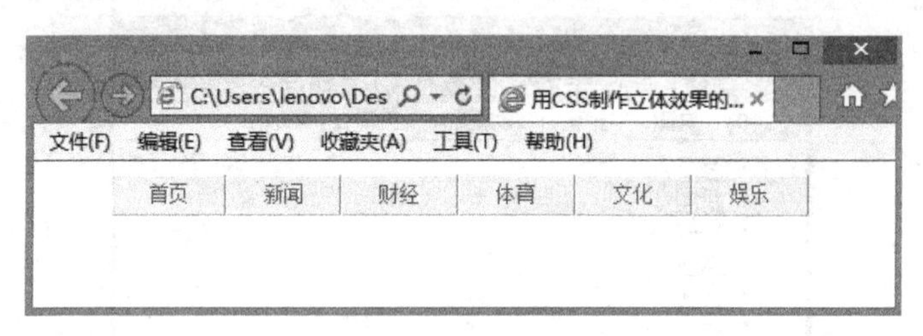

图 2-24 设置链接字体属性

(4) 输入下列代码为导航项设置鼠标滑过时的导航项属性。其中对边框的颜色进行了改变,将右边框和下边框的颜色变为白色,其他两边的颜色加深一些,这样就造成了一种"陷下去"的感觉,效果如图 2-25 所示。

```
li a:hover{
    color:#800000;                           /* 改变字体颜色 */
    border-color:#aaab9c #fff #fff #ccc;     /* 改变边框颜色 */
}
```

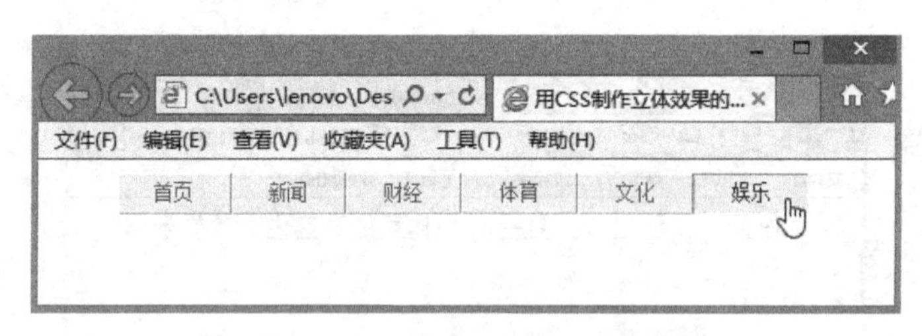

图 2-25 设置鼠标滑过时字体的属性

这样一个立体效果的导航条就制作完成了,预览效果如图 2-21 所示。

4. 实验后的思考

举一反三,参照此例试着制作一个鼠标滑过时导航项凸出来的导航条。

实验 5　用 CSS 制作中英文双语导航条

1. 实验目的

用 CSS 制作一个可以中英文相互切换的双语导航条。

2. 实验效果

本例的实验效果如图 2-26 所示。

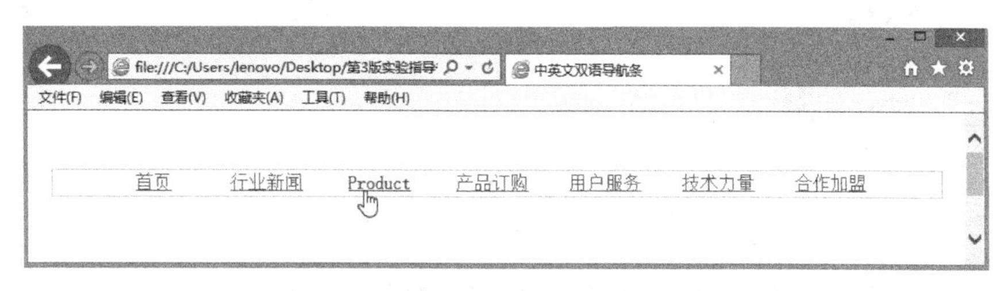

图 2-26　中英文双语导航条的效果

3. 实验步骤

(1) 用记事本新建一个文本文件，输入下列代码，建立一个列表，效果如图 2-27 所示。

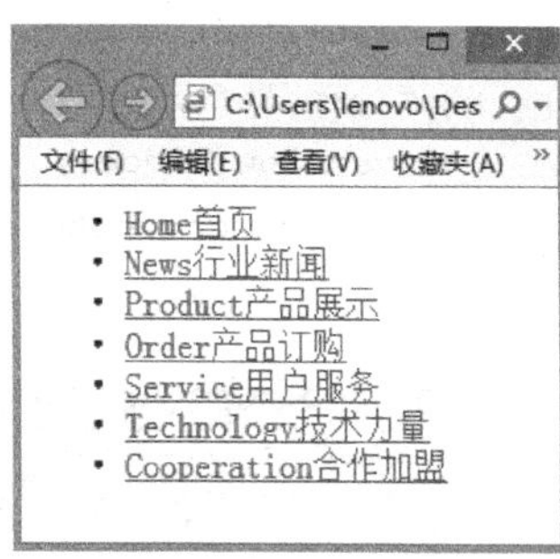

图 2-27　新建一个列表

```
<html>
<head>
<title>中英文双语导航条</title>
</head>
<body>
<ul id="nav">
  <li><a href="#"><span>Home</span>首页</a>
 </li>
  <li><a href="#"><span>News</span>行业新闻
  </a></li>
  <li><a href="#"><span>Product</span>产品展示</a></li>
  <li><a href="#"><span>Order</span>产品订购</a></li>
  <li><a href="#"><span>Service</span>用户服务</a></li>
  <li><a href="#"><span>Technology</span>技术力量</a></li>
  <li><a href="#"><span>Cooperation</span>合作加盟</a></li>
</ul>
</body>
</html>
```

(2) 在 head 标记中输入代码：<style type="text/css"></style>，然后在 style

标记之间输入下列 CSS 代码用来修饰列表 nav,如图 2-28 所示。

```
#nav {
    width:750px;                    /* 设置导航栏的宽度为 750px */
    margin:50px auto;               /* 上下边界为 50px,左右为自动 */
    border:1px solid #CCC;          /* 设置导航栏的边框为 1px 的灰色实线 */
    overflow: hidden;               /* 隐藏溢出 */
}
```

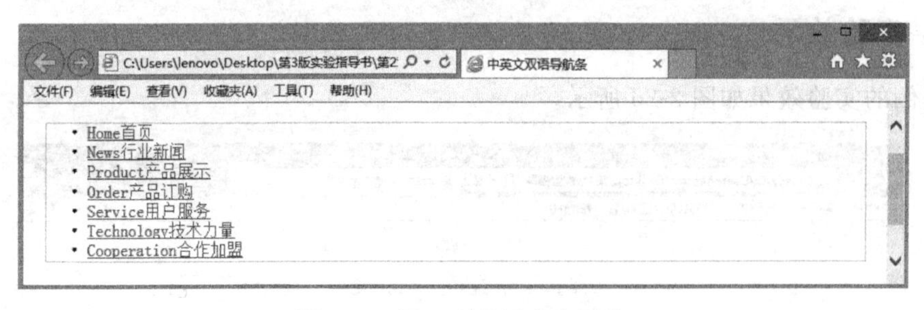

图 2-28 用 CSS 设置列表属性

(3) 输入下列 CSS 代码,用 CSS 设置列表项,如图 2-29 所示。

```
#nav li {
    width:100px;
    height:22px;
    line-height:22px;               /* 设置行高 */
    list-style-type: none;          /* 设置列表项前无符号 */
    float:left;                     /* 使导航项水平排列 */
    overflow:hidden;                /* 隐藏溢出 */
    text-align:center;              /* 将文本居中 */
}
```

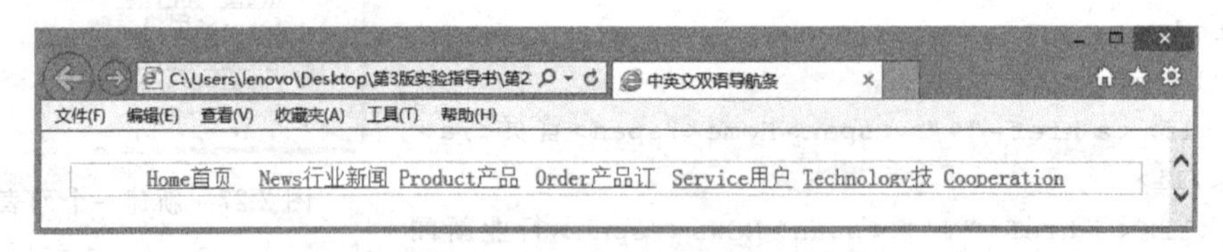

图 2-29 用 CSS 设置列表项属性

(4) 输入下列 CSS 代码,用 CSS 设置 span 元素和超链接的样式,如图 2-30 所示。

```
#nav a {
    width:100px;
    float:left;
    overflow:hidden;
}
#nav span {
    display:block;              /* span 元素由默认的"行内"元素改为"块级"元素 */
```

```
    margin-top:-22px;            /* 达到隐藏英文的作用 */
}
#nav a:hover {
    padding-top:22px;            /* 达到显示英文的作用 */
}
```

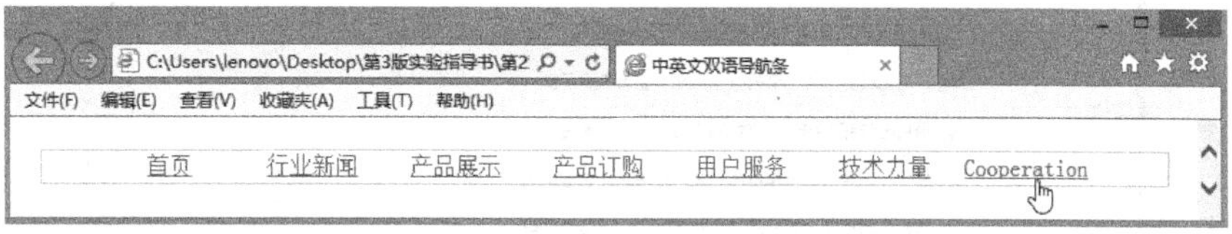

图 2-30　用 CSS 设置 span 元素和超链接的样式

这样一个可以中英文相互切换显示的双语导航条制作完毕，预览效果如图 2-26 所示。

4. 实验后的思考

本例实现中英文切换的原理是什么？还有没有其他方式可以实现？

实验 6　用 CSS 制作新闻标题列表的效果

1. 实验目的

使用 CSS 对列表的设置，制作一个常用的新闻标题列表效果。

2. 实验效果

本例的实验效果如图 2-31 所示。

3. 实验步骤

(1) 用记事本新建一个文本文件，输入下列代码，建立本例的 HTML 结构，效果如图 2-32 所示。

```
<html>
    <head>
    <title>用 CSS 制作新闻标题列表的效果</title>
    </head>
    <body>
    <div class="a1">
    <div class="a2"><span>热点新闻</span></div>
    <ul>
    <li><a href="#">9 日 8 点 LG 杯 32 强芈昱廷对阵崔哲瀚</a><span>6 月 9 日</span></li>
    <li><a href="#">期待在 LG 杯中再次崛起寻找失落的六年时光</a><span>6 月 8 日
```

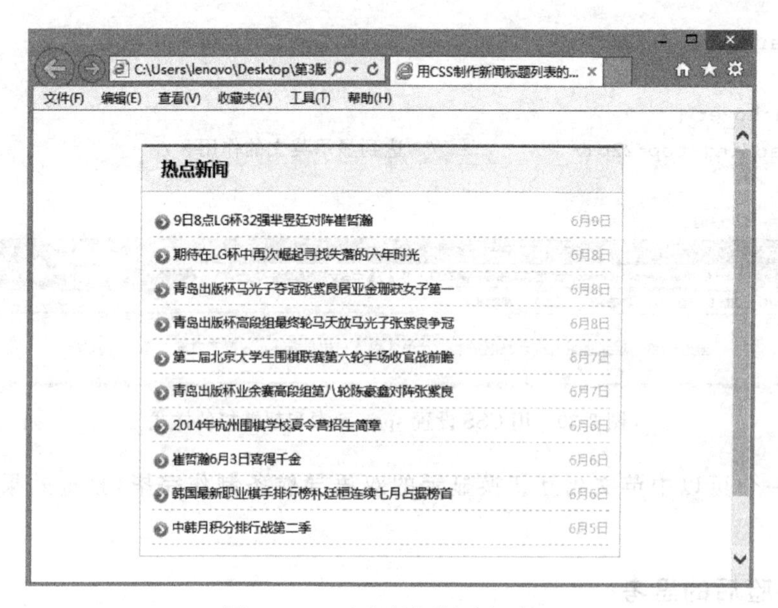

图 2-31　一个新闻标题列表页面

```
</span></li>
    <li><a href="#">青岛出版杯马光子夺冠张紫良居亚金珊获女子第一</a><span>6月
8日</span></li>
    <li><a href="#">青岛出版杯高段组最终轮马天放马光子张紫良争冠</a><span>6月
8日</span></li>
    <li><a href="#">第二届北京大学生围棋联赛第六轮半场收官战前瞻</a><span>6月
7日</span></li>
    <li><a href="#">青岛出版杯业余赛高段组第八轮陈豪鑫对阵张紫良</a><span>6月
7日</span></li>
    <li><a href="#">2014年杭州围棋学校夏令营招生简章</a><span>6月 6日</span></li>
    <li><a href="#">崔哲瀚 6月 3日喜得千金</a><span>6月 6日</span></li>
    <li><a href="#">韩国最新职业棋手排行榜朴廷桓连续七月占据榜首</a><span>6月
6日</span></li>
    <li><a href="#">中韩月积分排行战第二季</a><span>6月 5日</span></li>
    </ul>
    </div>
    </body>
    </html>
```

(2) 在 head 标记中输入代码：<style type="text/css"></style>，然后在 style 标记之间输入下列 CSS 代码为列表设置一个边框，效果如图 2-33 所示。

```
.a1{
    width:450px;                        /*设置边框宽度为 450px*/
    border:1px solid #CCCCCC;           /*设置边框为 1px 的灰色实线*/
    margin:30px auto;    /* 上下外边距为 30px,左右自动,实际效果为左右居中*/
}
```

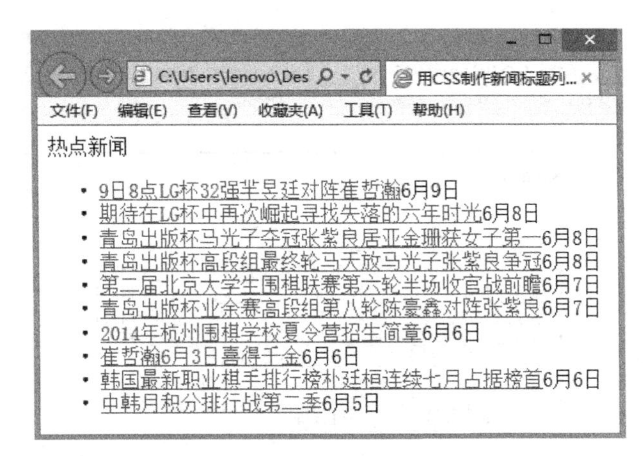

图 2-32　新建一个新闻标题列表页面

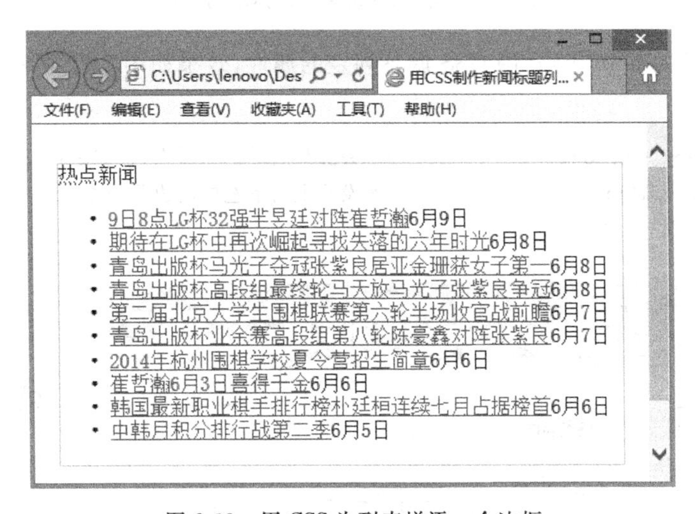

图 2-33　用 CSS 为列表增添一个边框

(3) 输入下列 CSS 代码，用 CSS 设置栏目标题的属性，效果如图 2-34 所示。

```
.a2{
    height:40px;
    line-height:40px;
/* 设置该元素内的文字行高为 40 像素，该元素高也是 40 像素，这样文字就会竖直居中显示 */
    background-color:#f5f5f5;                /* 给栏目标题区域一个背景颜色 */
    border-top:2px solid #0066FF;            /* 设置上边框为 2px 的蓝色实线 */
    border-bottom:1px solid #CCCCCC;         /* 设置下边框为 1px 的灰色实线 */
}
.a2 span{
    font-size:16px;
    font-weight:bold;                        /* 设置栏目标题文字为粗体 */
    padding-left:18px;                       /* 设置左边的内边距为 18px */
}
```

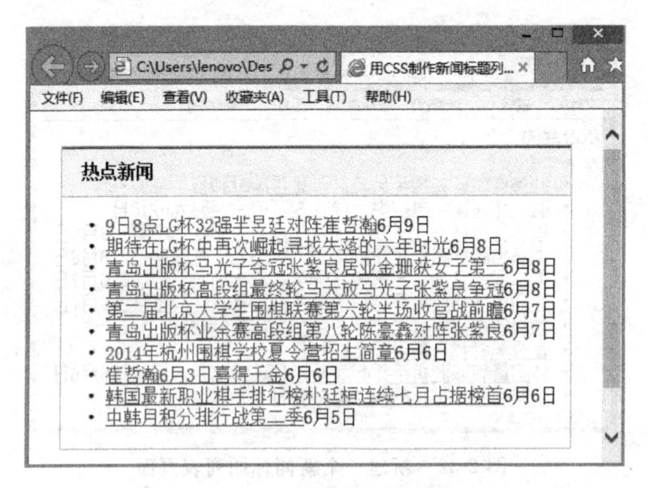

图 2-34　用 CSS 设置栏目标题的属性

(4) 输入下列 CSS 代码,用 CSS 调整列表的属性,效果如图 2-35 所示。

```
ul{
    list-style:none;              /* 去除列表前的小黑点,也就是列表前什么都没有 */
    padding:10px;                 /* 设置上右下左的内边距为 10px */
}
```

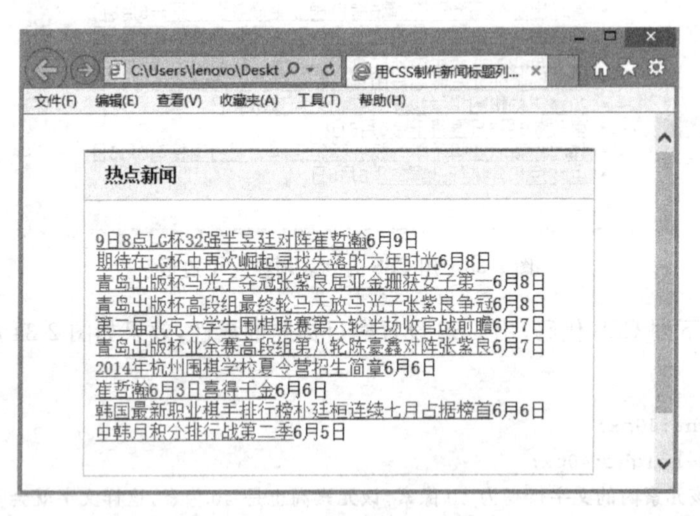

图 2-35　用 CSS 调整列表效果

(5) 输入下列 CSS 代码,用 CSS 设置每条列表项的属性,效果如图 2-36 所示。

```
li{
    height:30px;
    line-height:30px;
    border-bottom:1px dashed #CCCCCC;          /* 为每一列表项设置一条 1px 的虚线 */
    background:url(image/tb.png) no-repeat 2px 10px;
    /* 在每一列表项前设置一个图标,图标图像不重复,水平位置为 2px,垂直位置为 10px */
```

```
    padding-left:20px;
}
li span{
        float:right;                      /* 将标题的日期向右浮动,实现右对齐 */
        color:#CCCCCC;
}
```

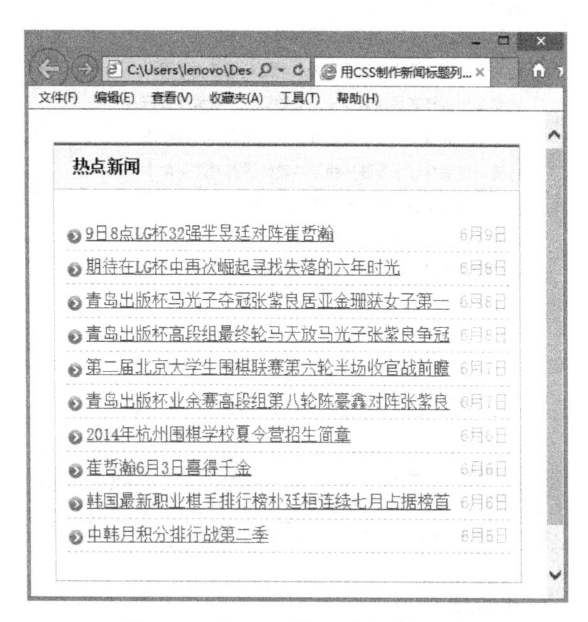

图 2-36 用 CSS 设置列表项的属性

(6) 输入下列 CSS 代码,用 CSS 调整超链接的属性,效果如图 2-37 所示。

```
li a{
      color:#000000;
      text-decoration:none;               /* 去除超链接正常时的下划线效果 */
}
li a:hover{
      color:#FF0000;                      /* 将鼠标经过超链接时设置为红色 */
}
```

(7) 最后输入下列 CSS 代码,用 CSS 设置边距属性和字体属性,效果如图 2-38 所示。

```
*{
    margin:0px;
    padding:0px;
}                                   /* 设置 HTML 的所有元素内外边距都为 0 */
body{
    font-size:12px;
    font-family:"微软雅黑";
}                                   /* 设置字体和字体大小 */
```

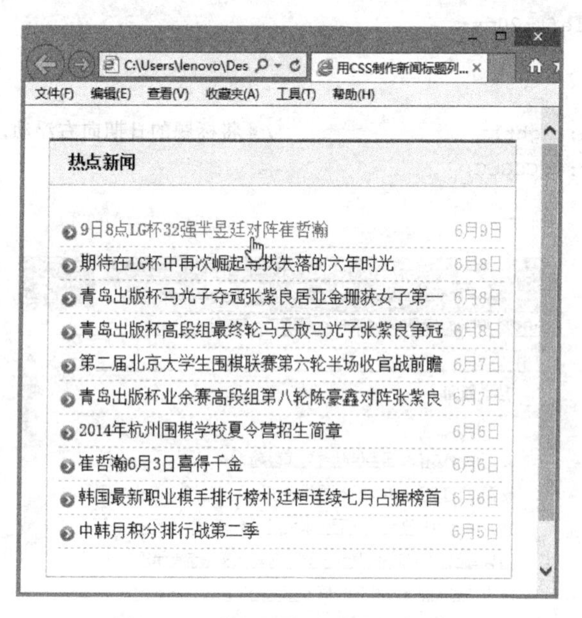

图 2-37 用 CSS 设置超链接的属性

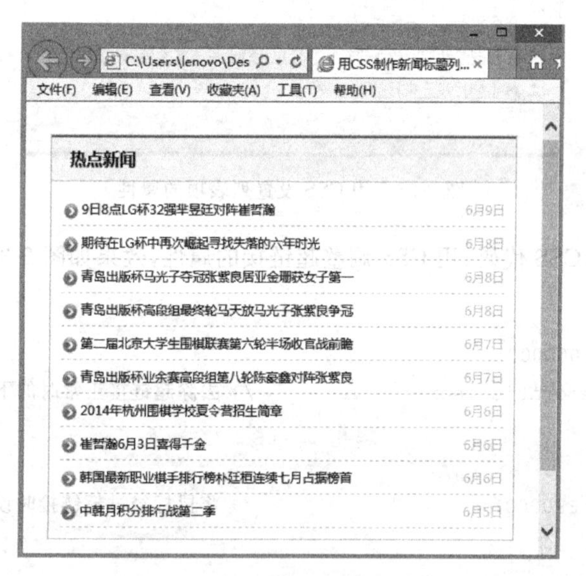

图 2-38 用 CSS 设置边距和字体属性

这样一个常用的新闻标题列表效果的页面就制作好了，预览效果如图 2-31 所示。

4. 实验后的思考

试着给新闻标题列表区域加上合适的背景颜色和背景图片。

第3章 Dreamweaver CS5 网页制作实验

Dreamweaver 是当前最受欢迎、应用最广泛的一款网页制作软件，它集网页制作与网站管理于一身，提供了“所见即所得”的可视化界面操作方式，在网站设计与部署方面极为出色，并且拥有超强的编码环境，可以帮助网页设计者轻易地制作出跨越平台和浏览器限制并且充满动感的网站。

实验1 制作带有超链接的页面

1. 实验目的

制作一个带有超链接的页面。

2. 实验效果

本实验的实验效果如图 3-1 所示。

图 3-1 带有超链接的页面效果

3. 实验步骤

(1) 新建一个 Dreamweaver CS5 空白文档，选择“插入”|HTML|“文本对象”|“字体”菜单命令，弹出“标签编辑器-font”对话框，设置字体的属性，如图 3-2 所示。

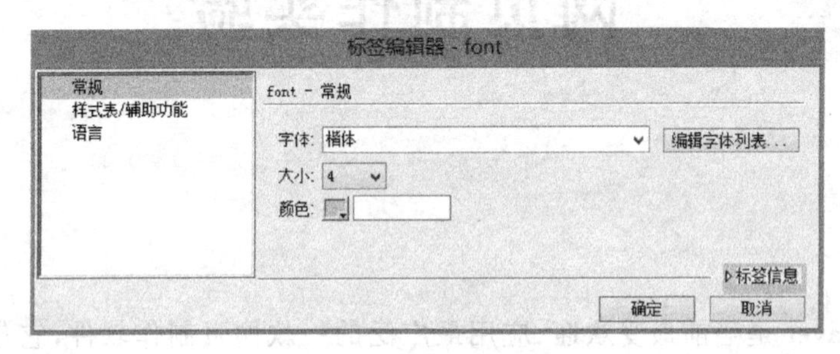

图 3-2 设置字体属性

(2) 输入导航项目，选择“格式”|“对齐”|“居中对齐”菜单命令，使导航条居中显示，如图 3-3 所示。

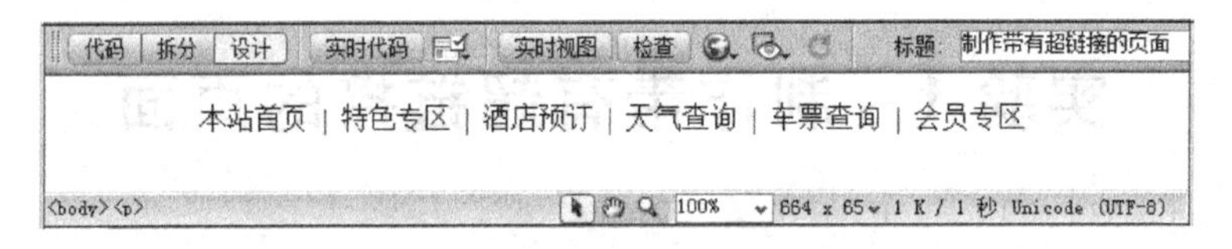

图 3-3 设置导航栏居中显示

(3) 在“属性”面板中依次为每一个导航项设置超链接，如图 3-4 所示。设置超链接后的导航如图 3-5 所示。

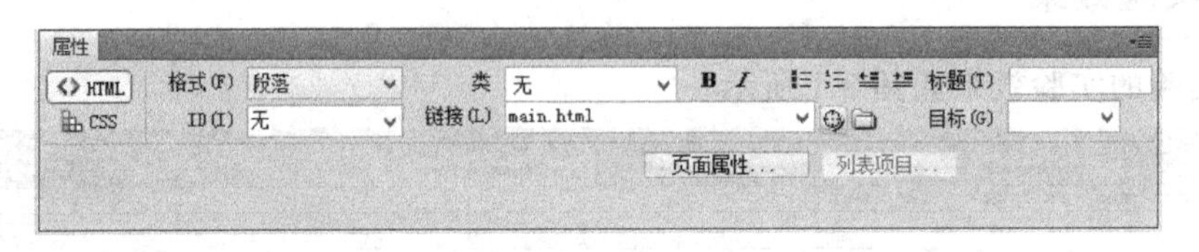

图 3-4 设置超链接

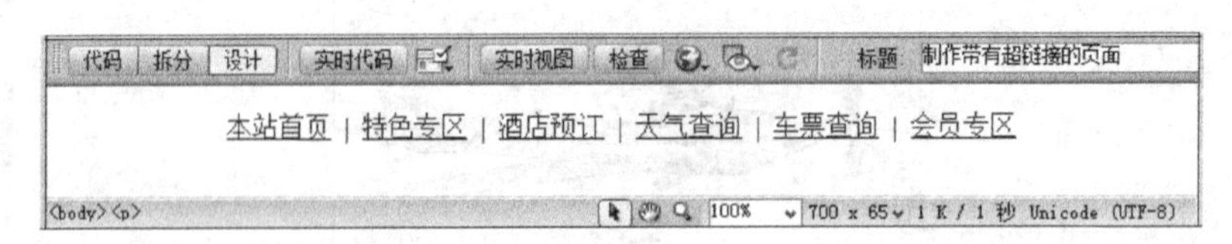

图 3-5 设置超链接后的导航栏

(4) 选择“插入”|HTML|“水平线”菜单命令，插入一条水平线，在“属性”面板中设置水平线的宽度为 60%，高为 1，如图 3-6 所示。

(5) 选择“插入”|“图像”菜单命令，插入一张图片，如果图片没有边框，可以在“属性”面板中为图片增加边框，在“属性”面板中为图片设置超链接，如图 3-7 所示。

(6) 按 Enter 键新建段落，输入“点击图片进入本站首页”的提示信息，再选择“插入”

图 3-6　设置水平线的属性

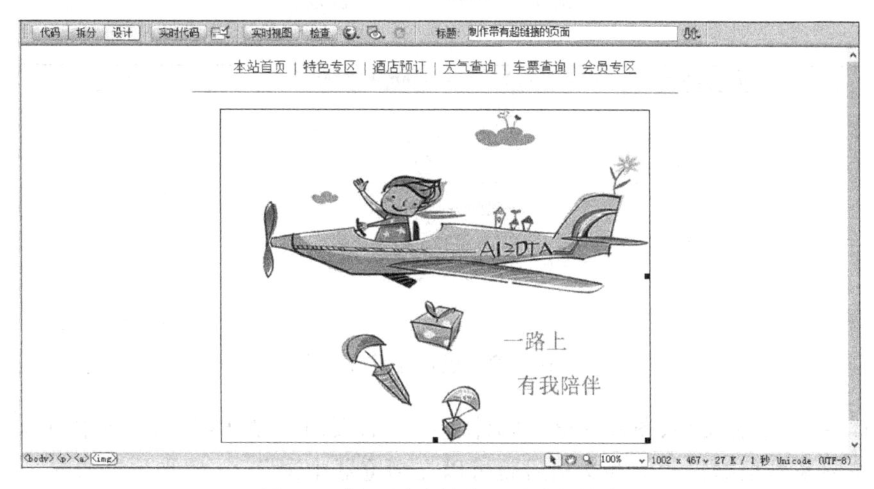

图 3-7　插入图片并设置图片超链接

|HTML|“水平线”菜单命令，插入一条水平线，在“属性”面板中设置水平线的宽度为60%，高为1，如图 3-8 所示。

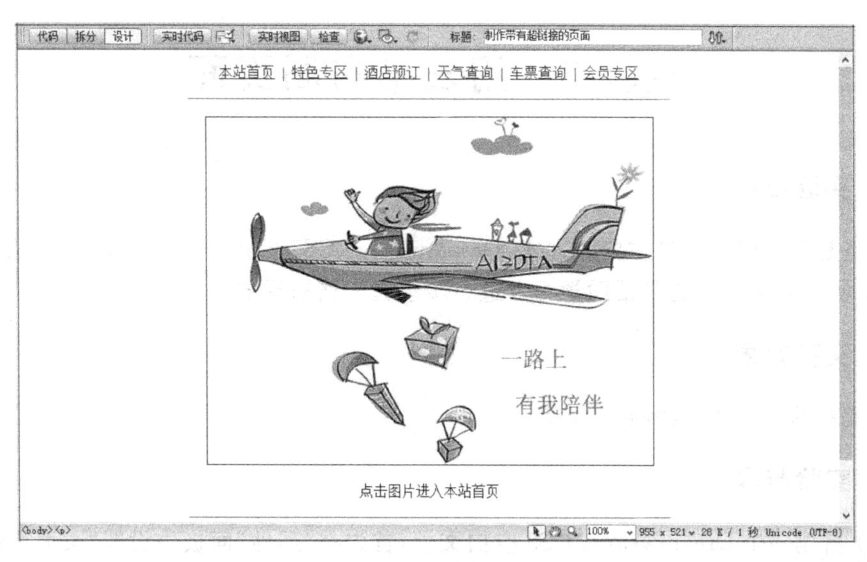

图 3-8　插入文字和水平线

(7) 选择“插入”|HTML|“文本对象”|“字体”菜单命令，设置字体属性后输入版权声明信息；选中邮箱的地址 yangxuanhui@163.com，在“属性”面板的“链接”栏输入 mailto:

yangxuanhui@163.com 制作电子邮件链接，如图 3-9 所示，版权页的效果如图 3-10 所示。

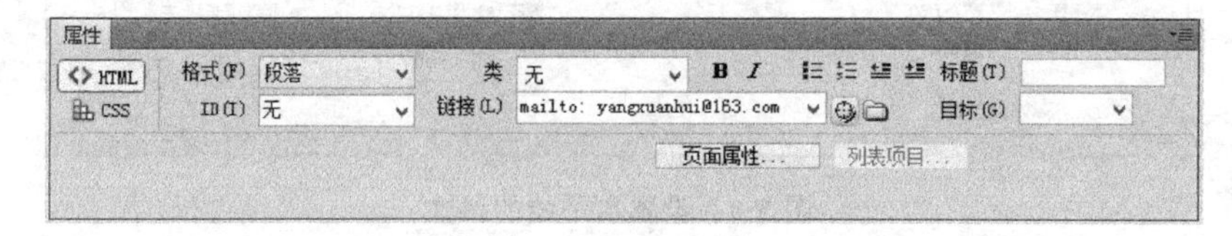

图 3-9　创建电子邮件链接

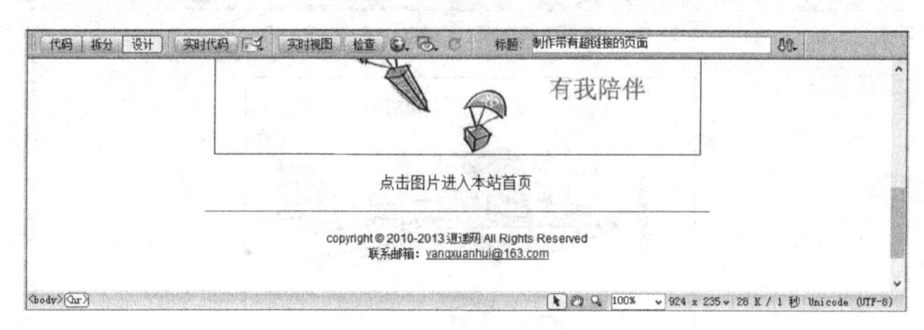

图 3-10　输入版权声明后的效果

这样，一个带有文字、图片和电子邮件超链接的页面就制作好了，在文档工具栏中单击浏览按钮，根据提示保存文档后就可以在浏览器中浏览了，最终效果如图 3-1 所示。

4. 实验后的思考

要改变超链接的属性，如去掉下划线，该如何设置？

实验 2　用表格布局页面

1. 实验目的

表格是布局网页时最主要的方式，Dreamweaver CS5 提供了强大的表格可视化布局功能，本实验的主要目的是帮助学习者进一步掌握表格布局的方法。

2. 实验效果

本实验的最终效果如图 3-11 所示。

3. 实验步骤

(1) 新建一个 Dreamweaver CS5 空白文档，首先在“属性”面板中设置“页面属性”，这里将左右边距各设为 100px，上下边距各设为 0px，其他设置如图 3-12 所示。

(2) 规划一个页面由 Logo 区、Menu 区、Body 区和 Footer 区组成，这 4 部分可以放到同一个表格里进行设计，也可以为每一部分设计一个表格。这里采用为每一部分设计一个表格的方法来布局，首先制作 Logo 区，插入一个宽为 800 的 1 行 1 列的表格，在表格

图 3-11 用表格进行布局的网页的最终效果

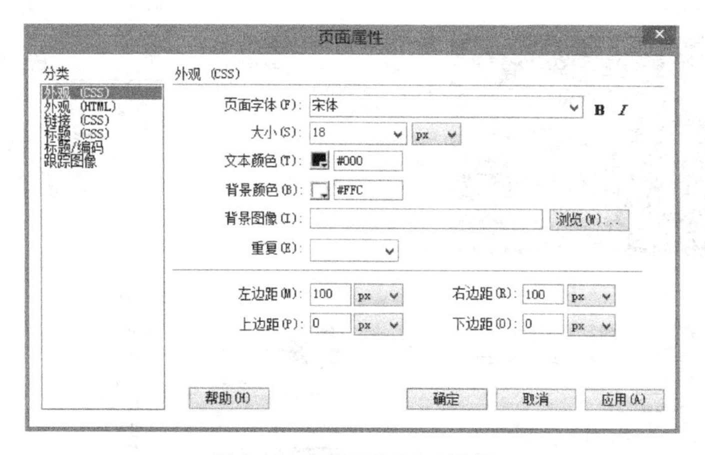

图 3-12 “页面属性”对话框

里插入一幅图片，效果如图 3-13 所示。

(3) 制作 Menu 区，即导航栏，插入一个宽为 800 的 1 行 7 列的表格，Menu 区的示意图如图 3-14 所示。在单元格中可以放置网站的名称及各个导航栏目名称，效果如图 3-15 所示。

(4) 根据布局思路，再制作 Body 区，即主体内容区，插入一个宽为 800 的 3 行 3 列的表格，也可以通过嵌套表格及不断地拆分、合并单元格达到预期的布局效果。Body 区的

图 3-13　插入一幅图片制作 Logo 区

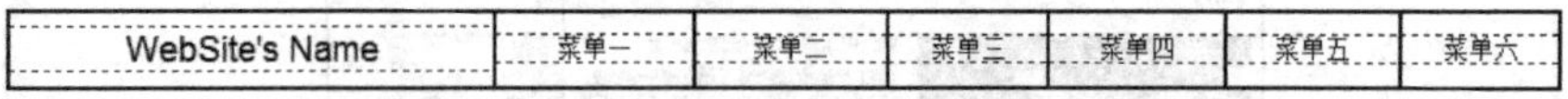

WebSite's Name	菜单一	菜单二	菜单三	菜单四	菜单五	菜单六

图 3-14　Menu 区示意图

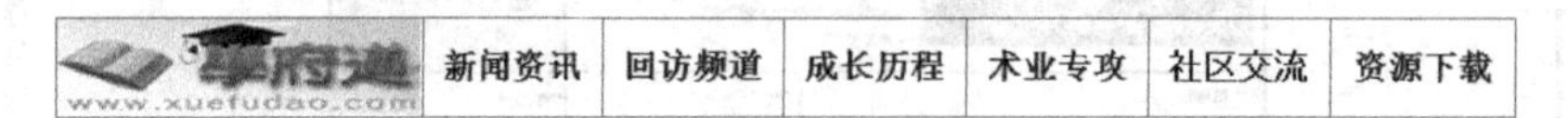

图 3-15　Menu 区的效果

示意图如图 3-16 所示，效果如图 3-17 所示。

图 3-16　Body 区示意图

图 3-17　Body 区的效果

(5) 制作 Footer 区，即版权说明区，插入一个宽为 800 的 3 行 3 列的表格，Footer 区的示意图如图 3-18 所示，效果如图 3-19 所示。

利用布局表格制作的网页做好了，最后网页的效果如图 3-11 所示。

图 3-18　Footer 区示意图

图 3-19　Footer 区的效果

4. 实验后的思考

试着将 Logo 区、Menu 区、Body 区和 Footer 区放在一张表格中进行布局。

实验 3　建立框架页面

1. 实验目的

应用 Dreamweaver CS5 制作一个简单的框架网页。

2. 实验效果

本实验的最终效果如图 3-20 所示。

图 3-20　框架网页最终效果

3. 实验步骤

(1) 打开 Dreamweaver CS5,选择 “文件”|“新建”菜单命令,在弹出的“新建文档”对话框中,依次选择“示例中的页”|“框架页”|“上方固定,下方固定”选项,如图 3-21 所示。

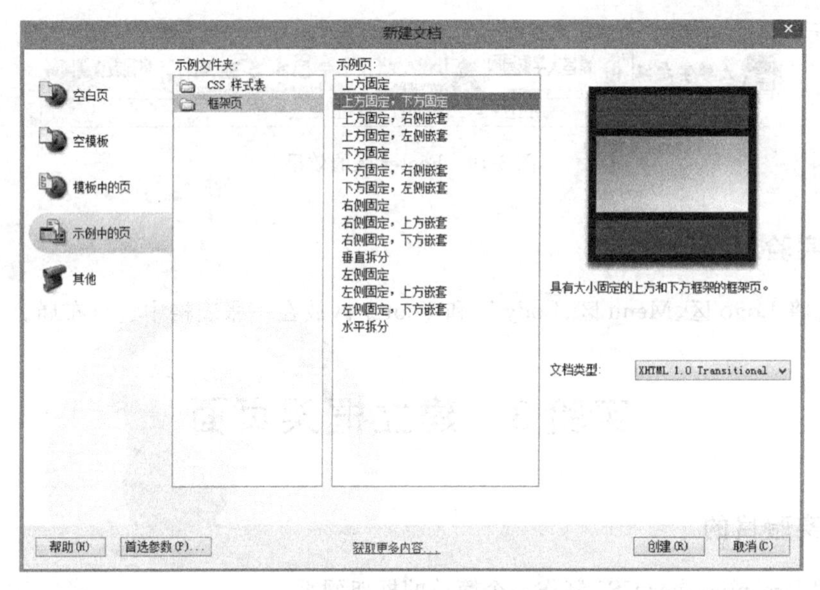

图 3-21 “新建文档”对话框

(2) 将光标置于中间的框架中,选择“插入”|HTML|“框架”|“左对齐”菜单命令,插入一个框架,得到如图 3-22 所示的框架页面(为了显示效果,这里填充了一些背景颜色)。

图 3-22 拆分框架

(3) 下面开始给各个框架子页面添加内容。先给网站标志区添加内容,首先修改页面属性,因为页面要放在框架中,为防止页面与框架之间出现空白区,在“属性”面板中单击“页面属性”按钮,在弹出的“页面属性”对话框中将左右上下边距均设为 0,如图 3-23 所示。

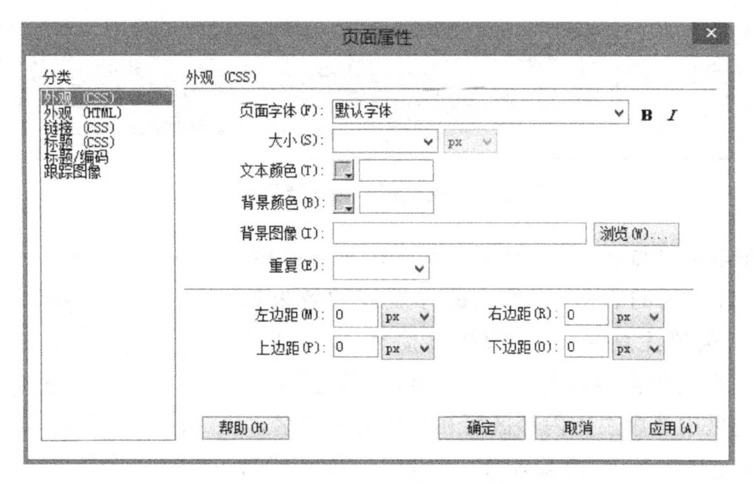

图 3-23 “页面属性”对话框

(4) 在网站标志区插入一个 5 行 4 列的表格,表格的属性设置如图 3-24 所示,根据设计思路将表格的相关单元格进行合并,得到如图 3-25 所示的效果。

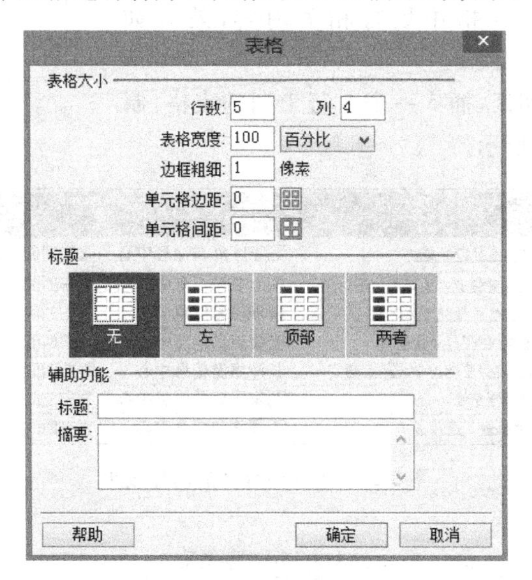

图 3-24 插入一个表格

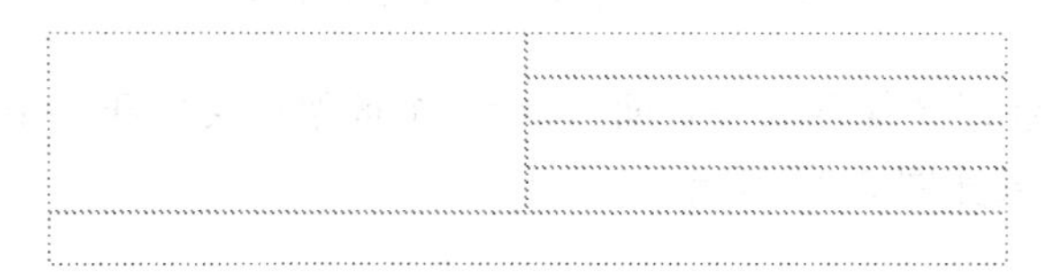

图 3-25 调整表格

(5) 在单元格中插入图片,修改与图片相合适的背景颜色,填写网站名称等,得到的网站标志区的最终效果如图 3-26 所示。

图 3-26　网站标志区的制作效果

(6) 对于功能导航区，可以使用表格制作出导航栏，插入一个 11 行 1 列的表格，制作出的导航区的效果如图 3-27 所示。需要注意的是，在做超链接时，如果想让新打开的页面在主体内容区显示，就必须在“属性”面板中的“目标”选区中选中主体内容区所在框架的框架名。

(7) 对于主体内容区，需要制作一个默认页面，即当浏览者一进入网站就能看到的页面，以后单击超链接弹出的页面将覆盖这个页面，此页面可以事先单独做好。这里用表格来制作这个页面，新建一个页面，插入一个 8 行 3 列的表格，在单元格中填写相关内容，效果如图 3-28 所示。

(8) 制作版权声明区，插入一个 3 行 1 列的表格，制作后的效果如图 3-29 所示。

旅游预订
旅游常识
旅游气象
旅游攻略
民航航班
列车时刻
网上咨询
在线下载
联系我们

图 3-27　导航区的制作效果

国内旅游动态		
“影响世界的中国文化旅游知名品牌”揭晓	石家庄旅游信息中心	发布时间：2014年05月04日
观竹海 看奇石 衡山乡村生态旅游节“土味”十足	衡山旅游信息中心	发布时间：2014年04月28日
株洲神农城景区推出古制婚礼打造独特人文景观	株洲旅游信息中心	发布时间：2014年04月26日
九华山寺院昨起推行免费进香 提供三支佛香	安徽旅游信息中心	发布时间：2014年04月25日
长沙晓园公园“新八景”出炉 启动爱绿护绿游园活动	长沙旅游信息中心	发布时间：2014年04月22日
“西柏坡号”环京津冀旅游专列开通	石家庄旅游信息中心	发布时间：2014年04月22日
西藏:拉萨至林芝生态旅游路示范工程启动	西藏旅游信息中心	发布时间：2014年04月20日

图 3-28　主体内容区的制作效果

我爱旅游网，版权所有
E-mail：walvw@163.com
最佳浏览分辨率：1024×768

图 3-29　版权声明区的制作效果

(9) 保存页面，注意要保存 5 个页面，包括一个框架集文件和 4 个子页面文件。在浏览器中浏览，最终效果如图 3-20 所示。

4. 实验后的思考

试着采用其他框架样式制作一个框架页面，特别要注意超链接的设置。

实验 4　表单的制作

1. 实验目的

应用 Dreamweaver CS5 制作一个简单的表单页面。

2. 实验效果

本实验的最终效果如图 3-30 所示。

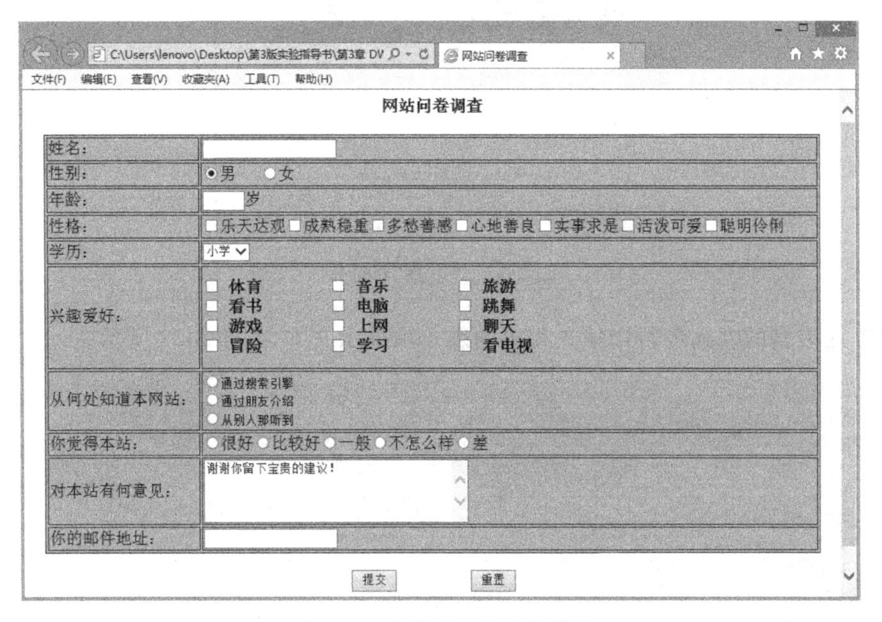

图 3-30　表单页面的最终效果

3. 实验步骤

(1) 打开 Dreamweaver CS5，新建一个空白页面，在页面中输入表单的标题，如“网站问卷调查”，选择“插入”|“表单”|“表单”菜单命令，插入一个表单域，如图 3-31 所示。

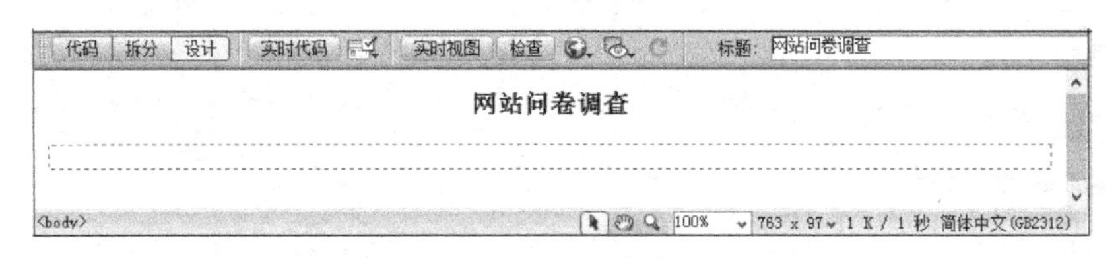

图 3-31　插入表单域

(2) 将光标定位在表单域中，选择“插入”|“表格”菜单命令，弹出“表格”对话框，在对

话框中，输入行数为 10，列为 2，表格宽度为 850 像素，边框粗细为 1 像素，单元格边距与单元格间距均为 0，如图 3-32 所示。单击“确定”按钮，再在表格的“属性”面板中将“对齐”方式选择为“居中对齐”，并给表格设置一种背景颜色。

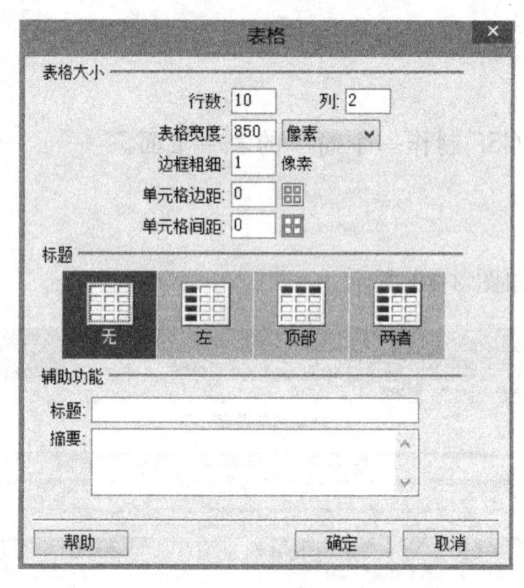

图 3-32 “表格”对话框

(3) 在表格的左列各行中输入相关的表单项提示文本，如图 3-33 所示。

姓名:	
性别:	
年龄:	
性格:	
学历:	
兴趣爱好:	
从何处知道本网站:	
你觉得本站:	
对本站有何意见:	
你的邮件地址:	

图 3-33 输入表单项提示文本

(4) 在右列的第 1 行选择“插入”|“表单”|“文本域”菜单命令，插入一个文本框，在“属性”面板中，“字符宽度”设为 20，“类型”选择“单行”，其他属性根据需要设置；同理可以设置第 3 行和第 10 行，效果如图 3-34 所示。

姓名:	
性别:	
年龄:	岁
性格:	
学历:	
兴趣爱好:	
从何处知道本网站:	
你觉得本站:	
对本站有何意见:	
你的邮件地址:	

图 3-34 制作文本框

（5）在第 2 行选择“插入”|“表单”|“单选按钮”菜单命令，插入两个单选按钮，并加上相关文字。同理可以设置第 7 行和第 8 行，效果如图 3-35 所示。

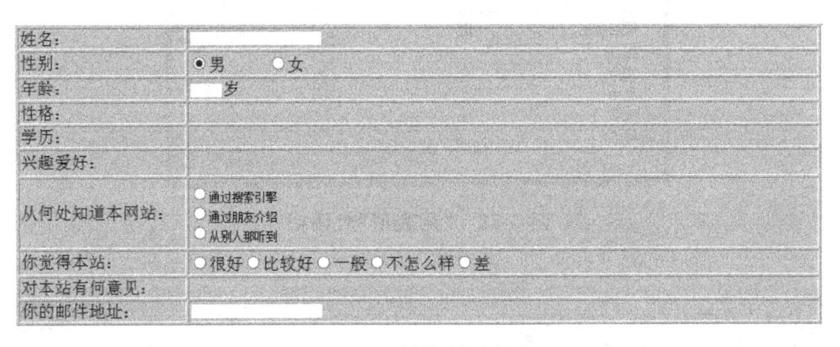

姓名：	
性别：	◉男 ○女
年龄：	岁
性格：	
学历：	
兴趣爱好：	
从何处知道本网站：	○通过搜索引擎 ○通过朋友介绍 ○从别人那听到
你觉得本站：	○很好 ○比较好 ○一般 ○不怎么样 ○差
对本站有何意见：	
你的邮件地址：	

图 3-35 制作单选按钮

（6）在第 4 行选择“插入”|“表单”|“复选框”菜单命令，插入 7 个复选框，并加上相关文字。同理可以设置第 6 行，如果插入的项目较多，可以使用表格辅助，例如在第 6 行可以先插入一个 4 行 3 列的表格后再插入各选项。设置后的效果如图 3-36 所示。

姓名：	
性别：	◉男 ○女
年龄：	岁
性格：	□乐天达观 □成熟稳重 □多愁善感 □心地善良 □实事求是 □活泼可爱 □聪明伶俐
学历：	
兴趣爱好：	□体育 □音乐 □旅游 □看书 □电脑 □跳舞 □游戏 □上网 □聊天 □冒险 □学习 □看电视
从何处知道本网站：	○通过搜索引擎 ○通过朋友介绍 ○从别人那听到
你觉得本站：	○很好 ○比较好 ○一般 ○不怎么样 ○差
对本站有何意见：	
你的邮件地址：	

图 3-36 制作复选框

（7）在第 5 行选择“插入”|“表单”|“选择(列表/菜单)”菜单命令，在“属性”面板中，“类型”选择“菜单”，插入一个下拉菜单，单击“列表值”按钮，如图 3-37 所示，在弹出的“列表值”对话框中输入相关的学历条目，如图 3-38 所示。插入下拉菜单后的表单效果如图 3-39 所示。

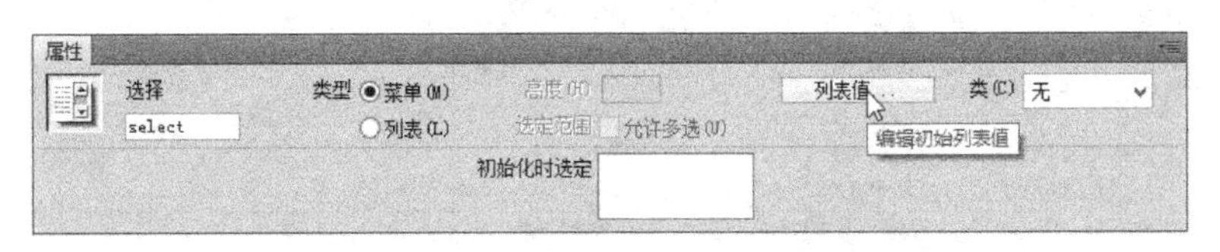

图 3-37 “下拉菜单”属性设置

（8）在第 9 行选择“插入”|“表单”|“文本域”菜单命令，插入一个文本域，在“属性”面板中，“字符宽度”设为 40，“行数”设为 4，其他设置如图 3-40 所示。设置文本域后的效果如图 3-41 所示。

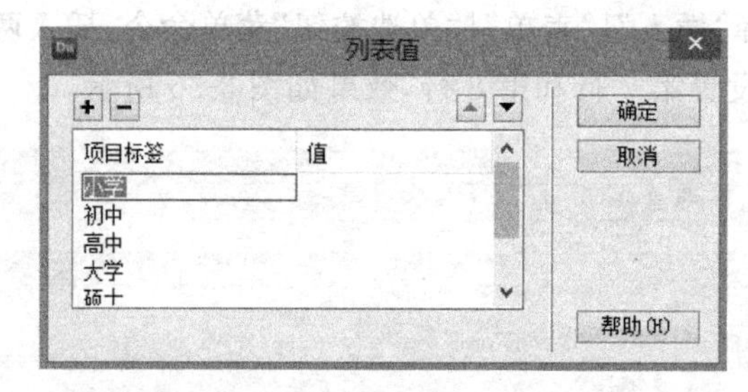

图 3-38 “列表值”对话框

姓名:	
性别:	◉男 ○女
年龄:	岁
性格:	□乐天达观 □成熟稳重 □多愁善感 □心地善良 □实事求是 □活泼可爱 □聪明伶俐
学历:	小学
兴趣爱好:	□体育 □音乐 □旅游 □看书 □电脑 □跳舞 □游戏 □上网 □聊天 □冒险 □学习 □看电视
从何处知道本网站:	○通过搜索引擎 ○通过朋友介绍 ○从别人那听到
你觉得本站:	○很好 ○比较好 ○一般 ○不怎么样 ○差
对本站有何意见:	
你的邮件地址:	

图 3-39 制作下拉菜单

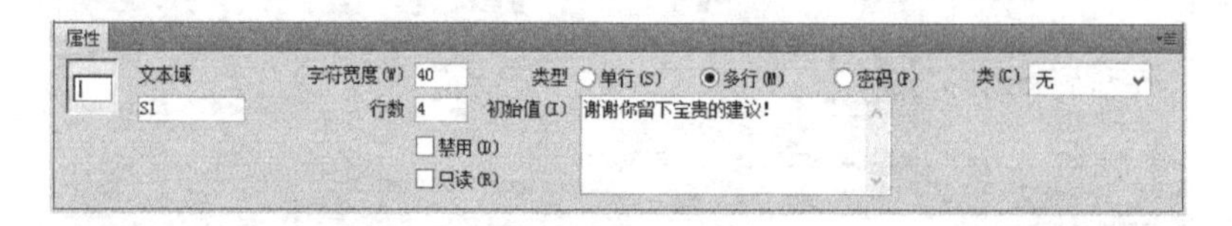

图 3-40 设置文本域属性

姓名:	
性别:	◉男 ○女
年龄:	岁
性格:	□乐天达观 □成熟稳重 □多愁善感 □心地善良 □实事求是 □活泼可爱 □聪明伶俐
学历:	小学
兴趣爱好:	□体育 □音乐 □旅游 □看书 □电脑 □跳舞 □游戏 □上网 □聊天 □冒险 □学习 □看电视
从何处知道本网站:	○通过搜索引擎 ○通过朋友介绍 ○从别人那听到
你觉得本站:	○很好 ○比较好 ○一般 ○不怎么样 ○差
对本站有何意见:	谢谢你留下宝贵的建议!
你的邮件地址:	

图 3-41 制作文本域

(9) 将光标定位在表格的下方并居中，选择“插入”|“表单对象”|“按钮”菜单命令，插入两个普通按钮。在“属性”面板中，选中前一个按钮，在“值”后输入“提交”，“动作”选择“提交表单”，将后一个按钮“值”后输入“重置”，“动作”选择“重设表单”，效果如图 3-42 所示。

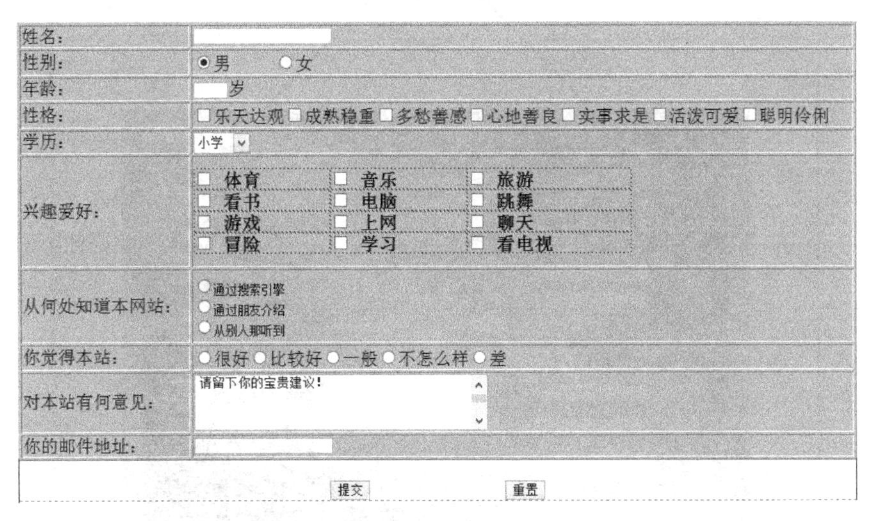

图 3-42　制作按钮

表单制作完毕，最终效果如图 3-30 所示。

4. 实验后的思考

表单域中还可以输入其他一些表单项目，例如文本域、图像域等，设计一个表单把它们用上，看看它们能实现什么功能。

实验 5　内嵌式框架的应用

1. 实验目的

学会使用内嵌式框架制作页面。

2. 实验效果

本实验的效果如图 3-43～图 3-45 所示。

3. 实验步骤

(1) 新建一个 Dreamweaver CS5 空白文档，修改页面属性，将各个边距均设为 0，插入一个 3 行 1 列的表格，并设置其属性，如图 3-46 所示。

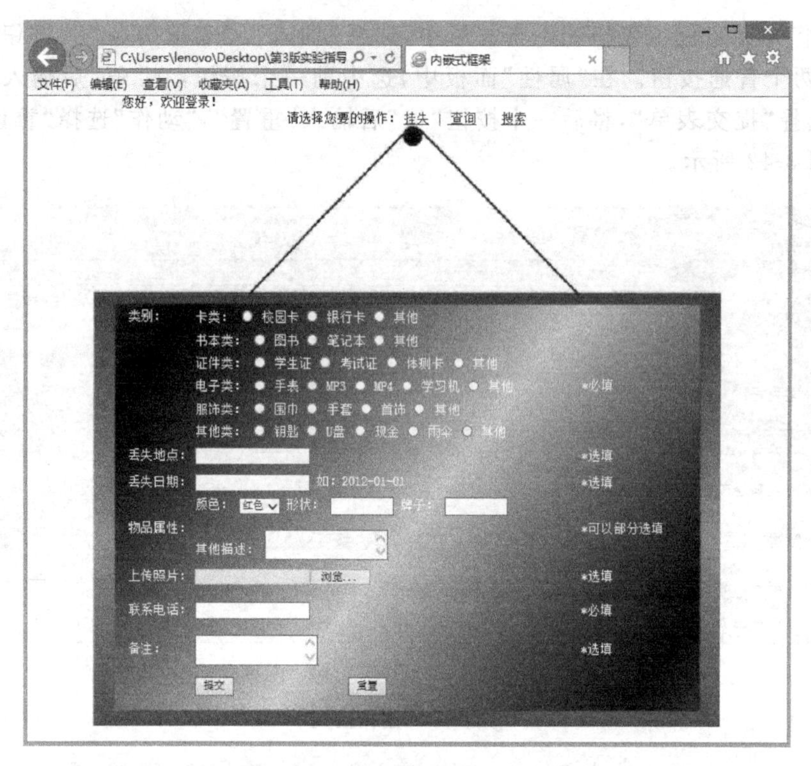

图 3-43　单击“挂失”菜单的效果

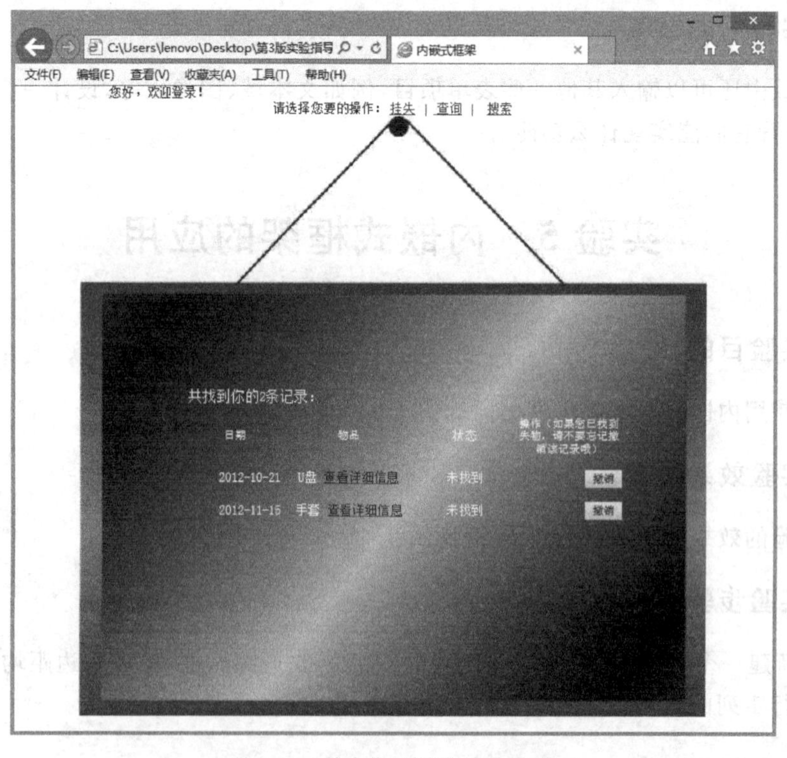

图 3-44　单击“查询”菜单的效果

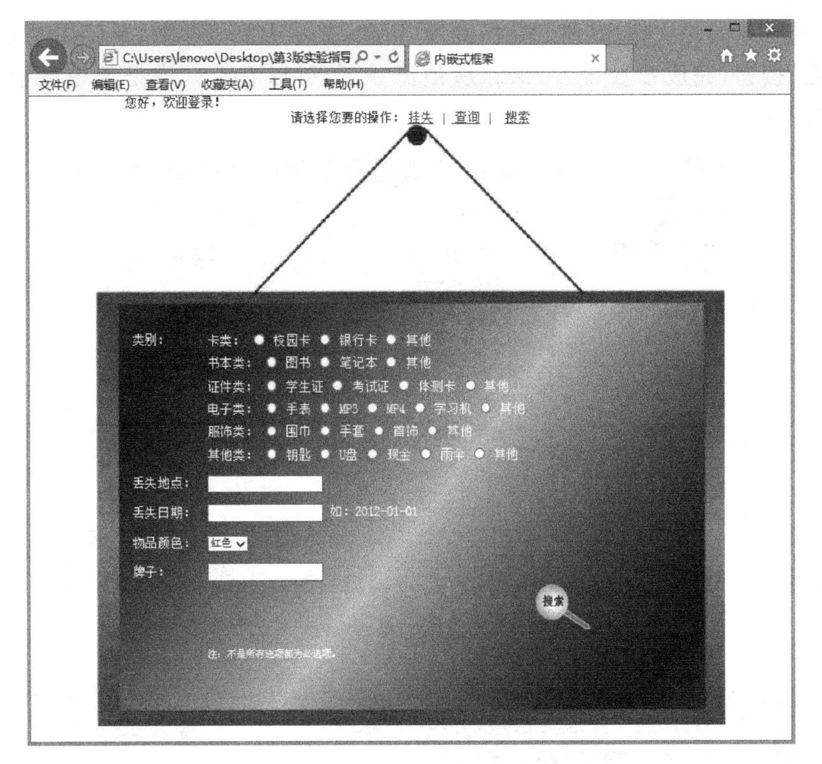

图 3-45　单击“搜索”菜单的效果

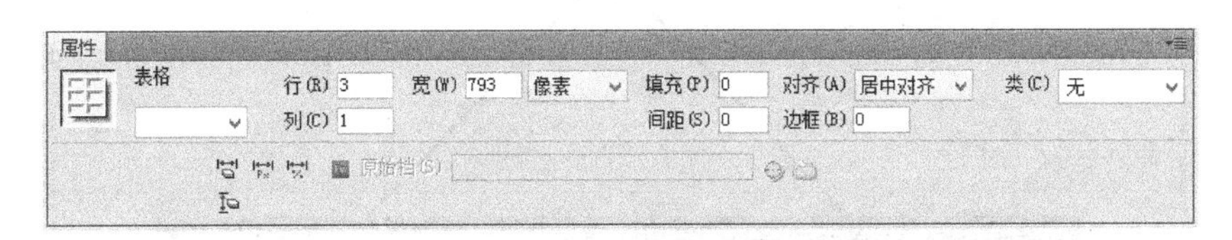

图 3-46　设置表格的属性

(2) 在表格的第 1 行和第 2 行输入相应的文字，如图 3-47 所示。

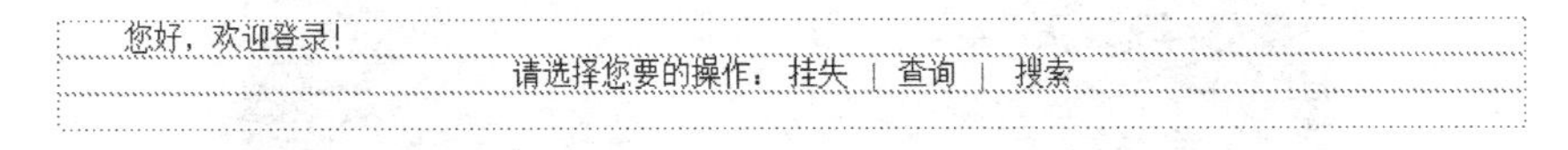

图 3-47　输入文字

(3) 将光标放到第 3 行的表格中，选择“插入”|HTML|“框架”|IFRAME 菜单命令，插入一个嵌入式框架，如图 3-48 所示。

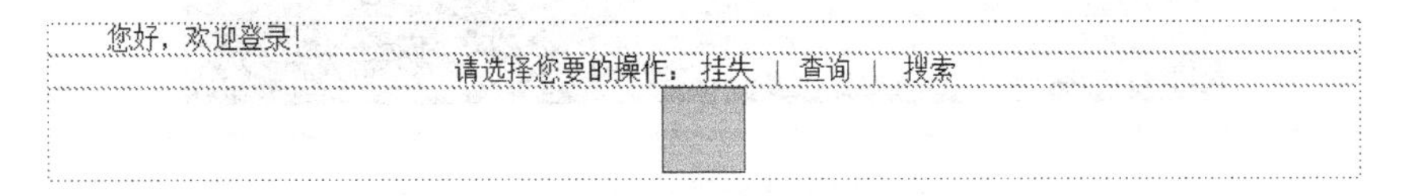

图 3-48　插入嵌入式框架

(4) 选中框架，选择“修改”|“编辑标签”菜单命令，弹出“标签编辑器-iframe”对话框，

设置嵌入式框架的源文件、名称、宽度、高度、滚动、显示边框等参数，具体如图 3-49 所示，单击“确定”按钮，完成参数设置，保存后预览一下，可以看到内嵌框架中显示的是图片 image，如图 3-50 所示。

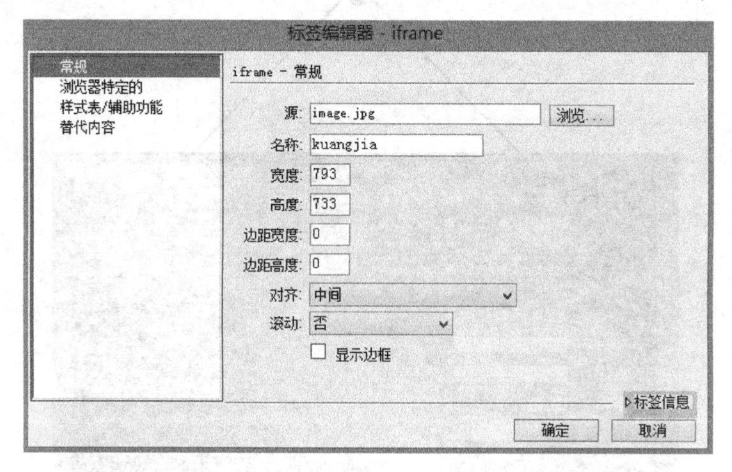

图 3-49 “标签编辑器-iframe”对话框

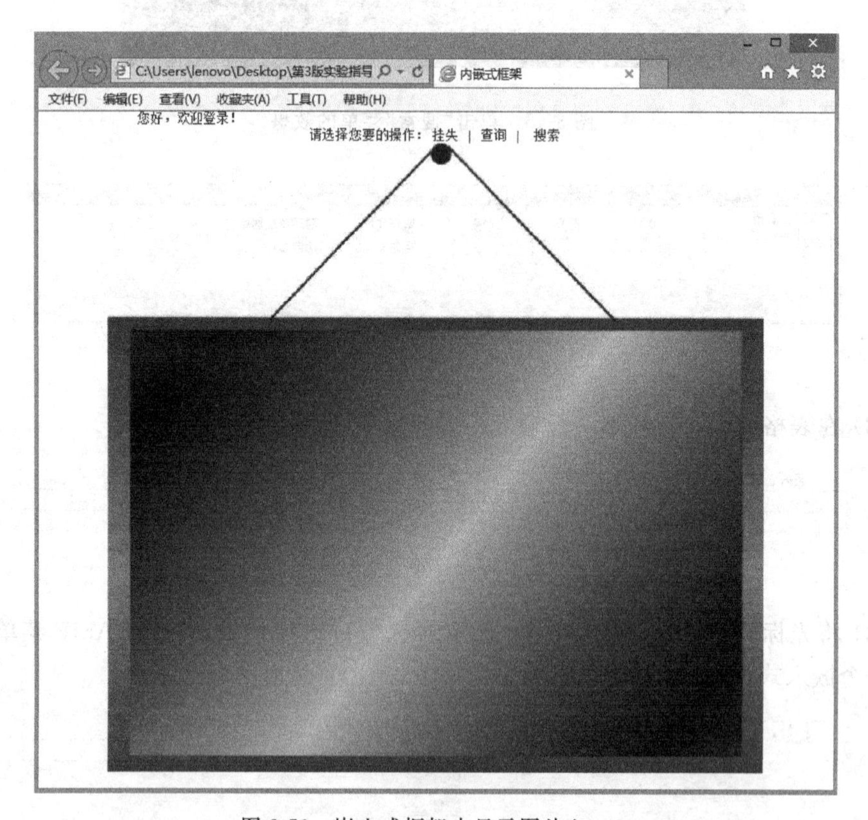

图 3-50 嵌入式框架中显示图片 image

(5) 选中第 2 行的文本“挂失”，在“属性”面板中设置超链接，并将“目标”设置为 kuangjia(前面给嵌入式框架取的名称)，如图 3-51 所示。同理，为“查询”和“搜索”设置相应的超链接,“目标”都设为 kuangjia。

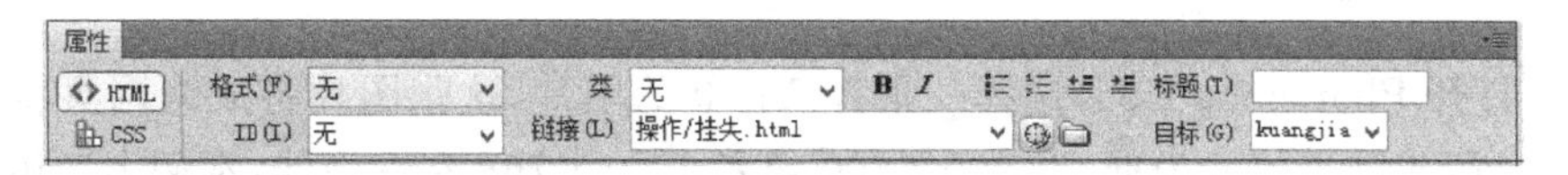

图 3-51 设置超链接

这样一个插入内嵌式框架的例子就做好了,保存并浏览页面,单击超链接后,就会在图片的位置出现相应的网页内容,效果如图 3-43、图 3-44 和图 3-45 所示。

4. 实验后的思考

本实验中嵌入式框架的代码为:＜iframe src="image.jpg" name="kuangjia" width="793" marginwidth="0" height="733" marginheight="0" align="middle" scrolling="No" frameborder="0"＞＜/iframe＞,试着读懂这段代码。

实验 6 利用 Photoshop 切片制作个人网站

1. 实验目的

利用 Photoshop CS5 与 Dreamweaver CS5 配合制作一个漂亮的个人网站。

2. 实验效果

本实验的最终效果如图 3-52 所示。

图 3-52 个人网站的最终效果

3. 实验步骤

(1) 打开 Photoshop CS5，选择一张自己喜欢的图片，这张图片将成为网页将来的背景，大小以所建网页尺寸为准，以 800×600 或者 1024×768 左右为佳，本例中选用了一张 1000×600 的图，如图 3-53 所示。按照设计思想将图片加工处理成将来网站页面的布局底稿，处理后的效果如图 3-54 所示。

图 3-53　原图

图 3-54　加工处理后的图

(2) 在 Photoshop CS5 工具箱中选择"切片工具"对图片进行切割。在切割之前，必须清楚每一部分图片将用来放置什么内容，这样才能确定切割的原则，切好的图片如图 3-55 所示。再选择"文件"|"存储为 Web 和设备所用格式"菜单命令，弹出"存储为

Web 和设备所用格式”对话框，如图 3-56 所示，单击“存储”按钮，弹出“将优化结果存储为”对话框，确定存放的位置，输入保存的文件名，在“格式”中选择“HTML 和图像”，如图 3-57 所示，单击“保存”按钮即可看到在指定的位置生成了一个 HTML 文件和一个图片文件夹 images，如图 3-58 所示，images 文件夹用来存放所有的切片图片，就像是原来图片的拼图，如图 3-59 所示。

注意：切片之前可以将图片以满像素(选择“视图”|“实际像素”菜单命令)显示，以便随时观察网页的整体效果。

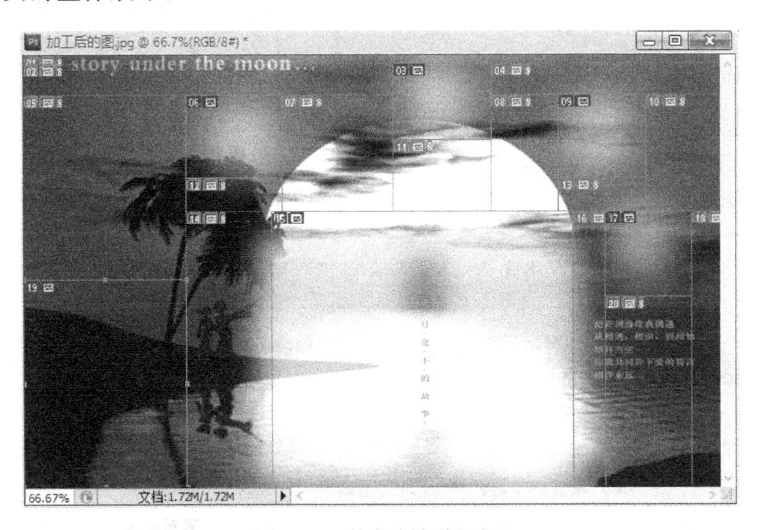

图 3-55　按规划切割页面

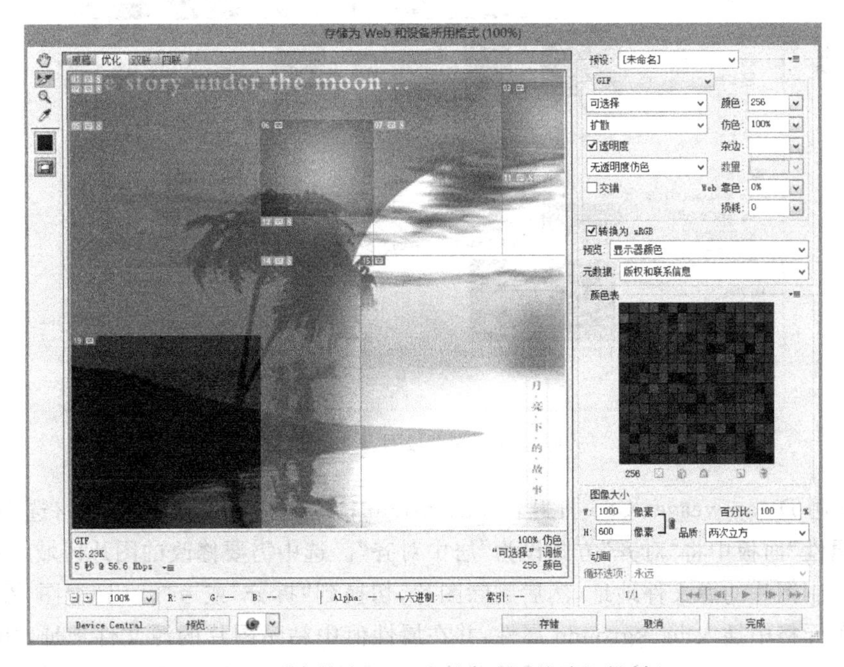

图 3-56　“存储为 Web 和设备所用格式”对话框

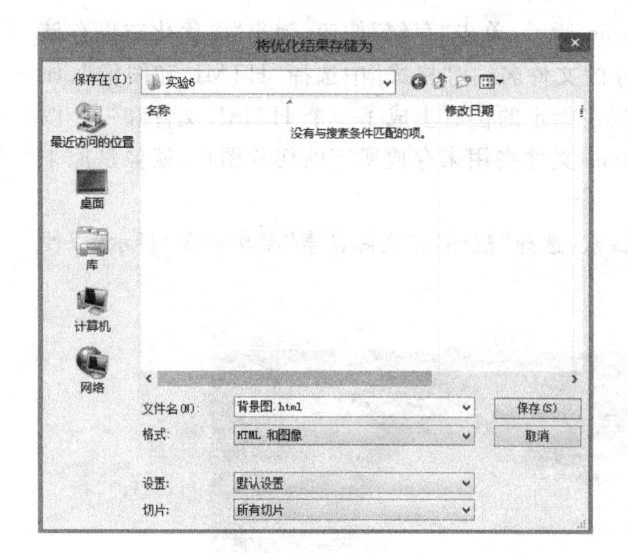

图 3-57　选择保存格式

图 3-58　生成的 HTML 文件和图片文件夹

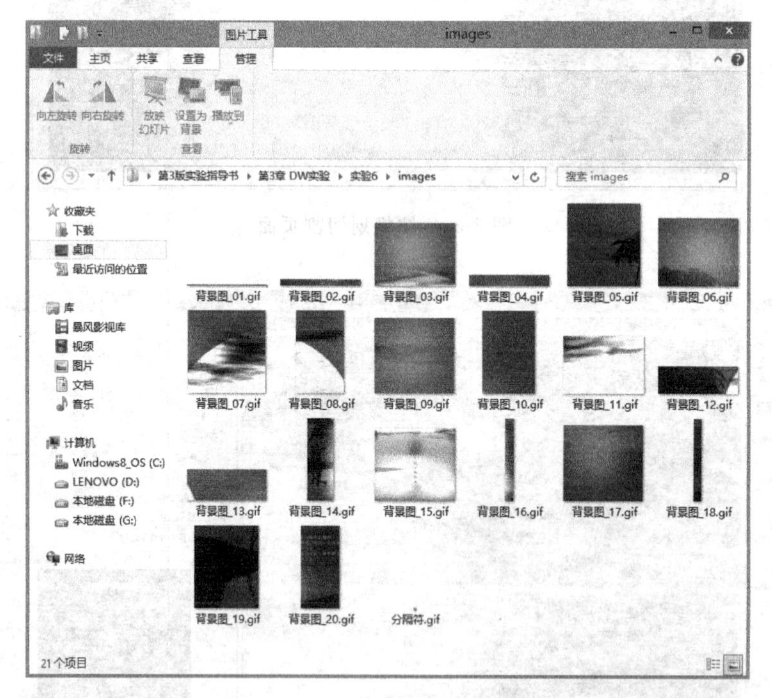

图 3-59　图片文件夹的内容

(3) 用 Dreamweaver CS5 打开由 Photoshop CS5 导出的 HTML 文件，选中整个图片，在“属性”面板中将“对齐”方式设为“居中对齐”。选中需要修改的图片区域，在“属性”面板中复制图片的源文件地址，然后删除图片，切换到“拆分”或者“代码”视图，在删除了图片的单元格中插入 background 属性，并在属性值中粘贴图片的源文件地址，如图 3-60 所示，这样就将需要修改的图片区域的图片转换成背景图片了，如图 3-61 所示。

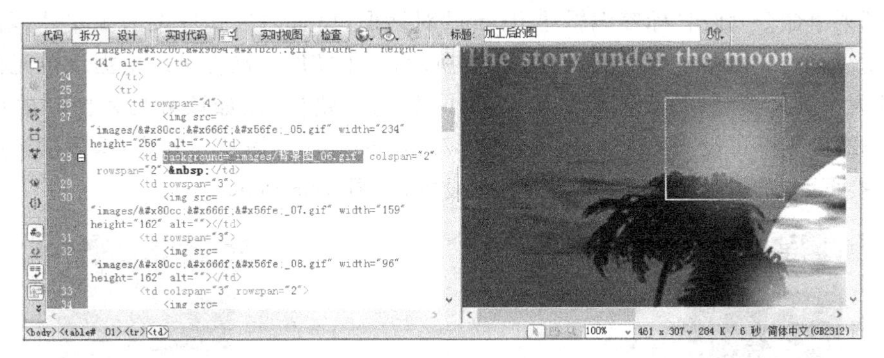

图 3-60　插入 background 属性

图 3-61　转换成背景图片的效果

(4) 参照第(3)步，将所有需要修改的区域的图片都转换成背景图片，如图 3-62 所示。

图 3-62　按要求将相关区域转换为背景图片

(5) 下面在页面中间主体区域(中间模糊的部分)插入一个内嵌式框架，作用是在该区域调用其他页面。具体操作为：将光标放到该区域中间，选择“插入”|HTML|“框架”|IFRAME 菜单命令，插入一个嵌入式框架，如图 3-63 所示。选中框架，选择“修改”|“编

辑标签”菜单命令，弹出“标签编辑器-iframe”对话框，设置内嵌式框架的源文件、名称、宽度、高度、滚动、显示边框等参数，如图 3-64 所示，其中宽度和高度可以根据该单元格背景图片的大小进行设置（一般比背景图片略小，以防止错位，比如该处切片图片的尺寸为 433×382，则宽度可设为 420，高度可设为 370），first.html（需另外创建）是该框架默认的初始链接页面；单击“确定”按钮，完成参数设置，如图 3-65 所示。

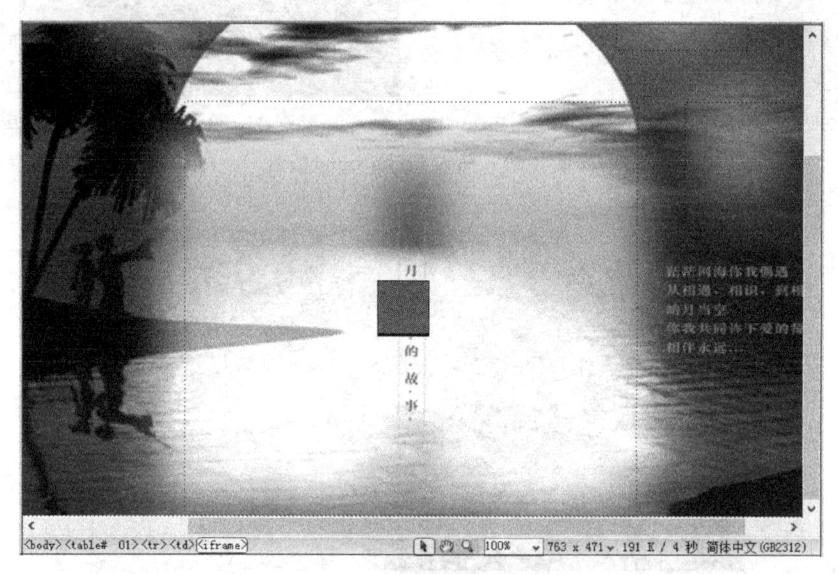

图 3-63　插入一个嵌入式框架

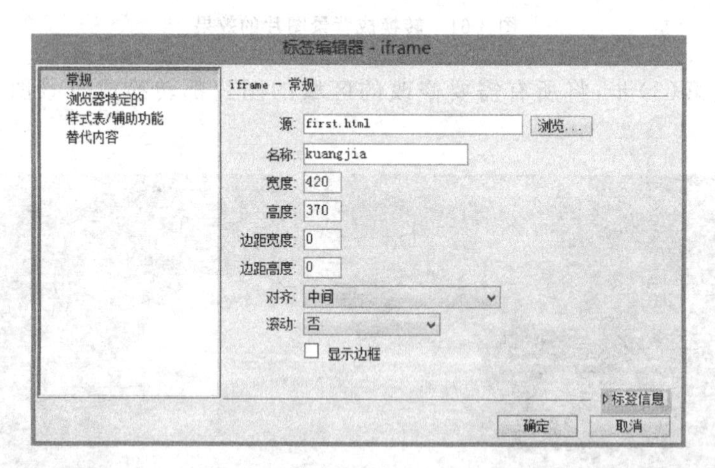

图 3-64　嵌入式框架的属性设置

（6）在 4 个模糊的区域内插入已经制作好的“星星”按钮图片，对齐方式选择“居中”，如图 3-66 所示。

（7）选择“文件”|“另存为”菜单命令，将页面保存为 index.html，再分别做好起始页 first.html、“简介”、“心情”、“相册”和“联系”5 个子页面，并在首页中依次设置链接，例如在“简介”的“星星”按钮上设置链接，链接文件为 jianjie.html，目标为 kuangjia（第（5）步中设置好的内嵌式框架的名字），边框设为 0，如图 3-67 所示。

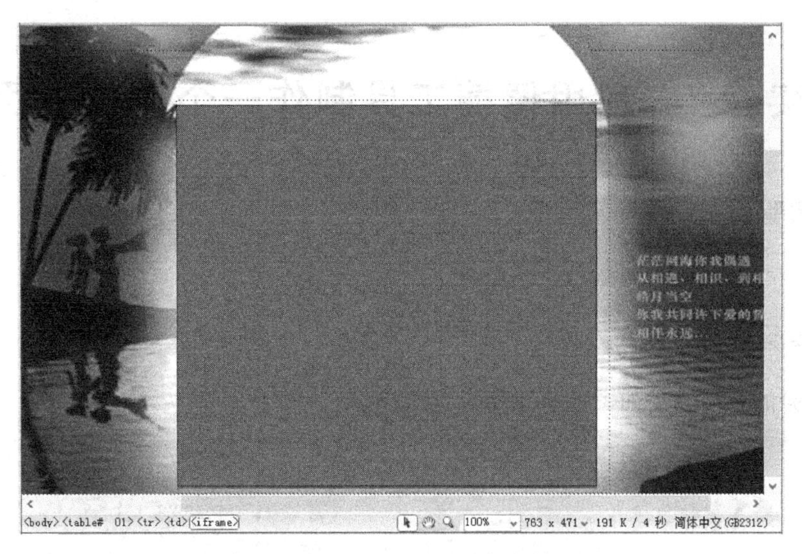

图 3-65　设置后的嵌入式框架效果

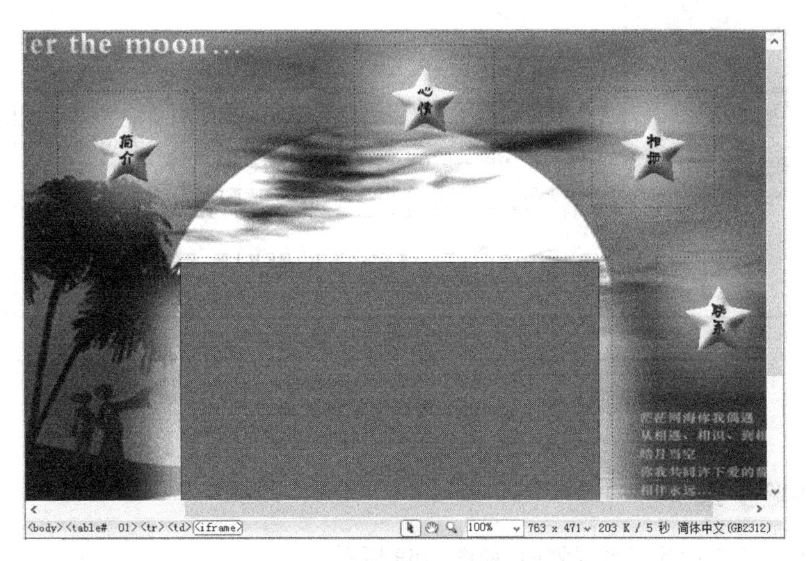

图 3-66　插入“星星”按钮

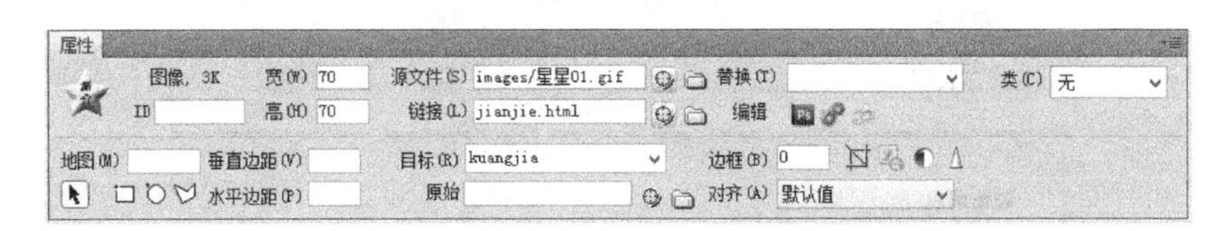

图 3-67　超链接的设置

这样一个网站就制作好了，效果如图 3-52 所示。

4. 实验后的思考

试着利用类似的方法在网页的适当位置加上版权说明。

实验 7　利用便捷工具制作一个网站首页

1. 实验目的

利用一些便捷工具制作一个网站首页。

2. 实验效果

本实验的最终效果如图 3-68 所示。

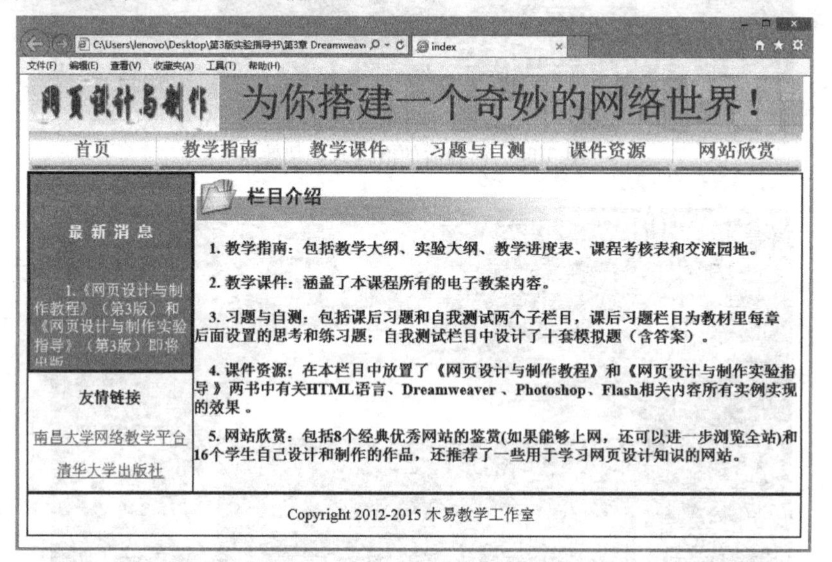

图 3-68　网页的最终效果

3. 实验步骤

（1）制作前先设计网页规划图，如图 3-69 所示。

<table>
<tr><td>网站标志
250×70</td><td>网站宣传
750×70</td></tr>
<tr><td colspan="2">导航条 1000×50</td></tr>
<tr><td>最新消息
200×250</td><td rowspan="2">内容主体
800×400</td></tr>
<tr><td>友情链接
200×150</td></tr>
<tr><td colspan="2">版权说明 1000×30</td></tr>
</table>

图 3-69　网页的规划图

(2) 新建一个 Dreamweaver CS5 空白文档，修改页面属性，将各个边距均设为 0；插入 1×2、1×1、2×2、1×1 的 4 个表格，并将 2×2 的表格右边合并单元格；按规划图的要求设置各个表格及单元格的属性，如图 3-70 所示。

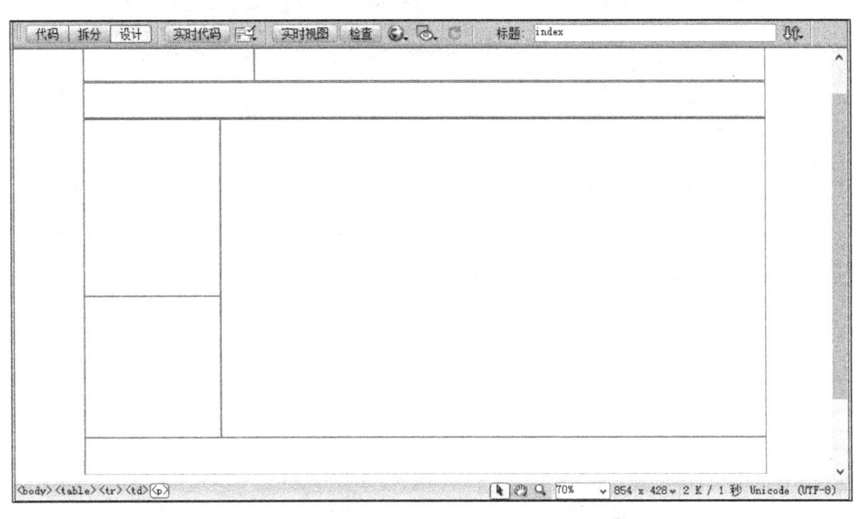

图 3-70　按规划图的要求插入表格

(3) 本例中主要利用一些便捷工具制作网站标志、网站宣传栏和导航栏。

① 使用软件“logo 制作专家”制作网站标志，按照规划制作一个 250×70 像素的标志，导出并得到 logo. gif 文件，如图 3-71 所示。

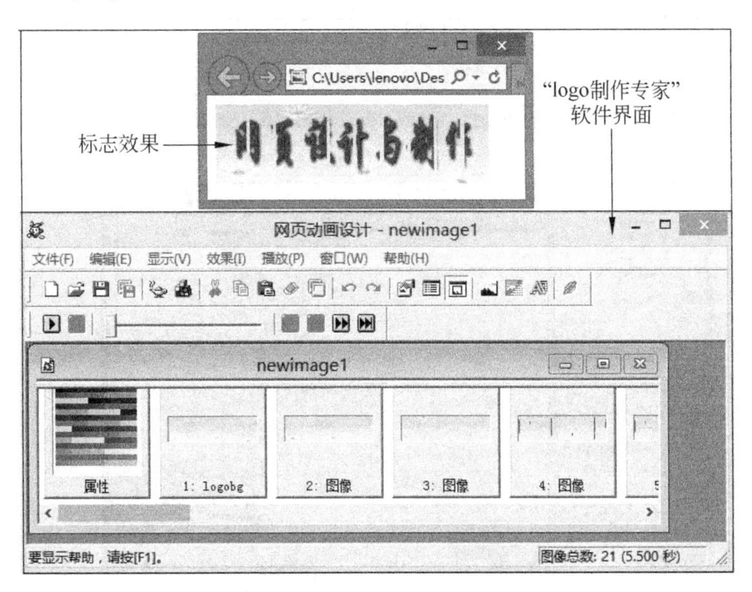

图 3-71　使用“logo 制作专家”制作标志

② 使用软件 swftext 制作网站宣传栏，按照规划制作一个 750×70 像素的宣传条，导出并得到 banner. gif 文件，如图 3-72 所示。

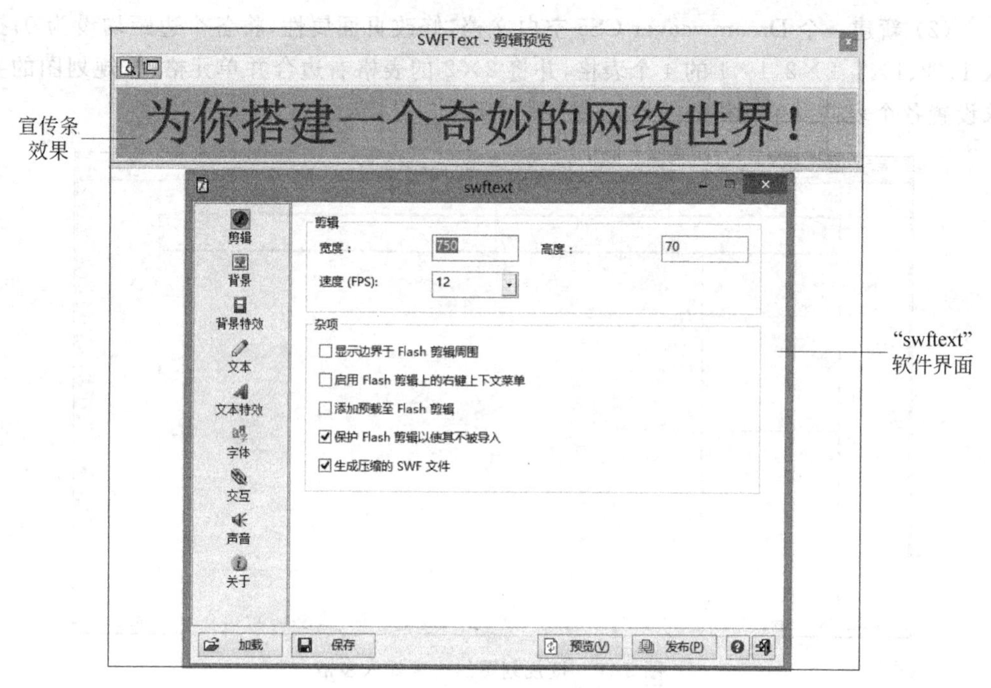

图 3-72　使用 swftext 制作宣传栏

③ 使用软件 123 Flash Menu 制作导航栏，按照规划制作一个 1000×50 像素的导航栏，导出并得到"导航.swf"，如图 3-73 所示。

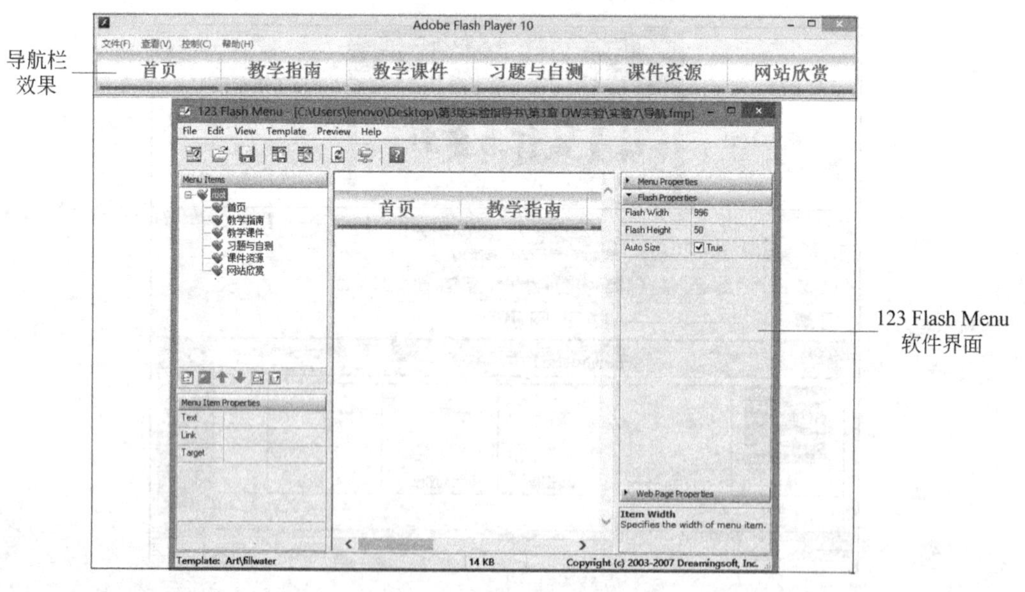

图 3-73　使用 123 Flash Menu 制作导航栏

(4) 在 Dreamweaver 文档中的第 1 个和第 2 个表格中分别插入制作好的网站标志、网站宣传条和导航栏，如图 3-74 所示。

图 3-74　插入标志、宣传栏和导航栏

(5) 对于“最新消息”的制作可以使用特效代码来实现。切换到“代码”视图，在要插入“最新消息”的单元格里插入下面这段特效代码，通过相关属性的设置来调整“最新消息”显示框的大小，如图 3-75 所示。

```
<table border="1" bordercolor="#000000" bgcolor="#6699ff" cellpadding="5" cellspacing="0">
<tr>
<td>
<script language=javascript>
document.write ("<marquee scrollamount='1' scrolldelay='30' direction='UP' width='200' id='helpor_net' height='250' onmouseover='helpor_net.stop()' onmouseout='helpor_net.start()' Author:redriver; For more,visit:www.helpor.net>")
document.write ("<h4><p align='center'><font color='#ffffff' face='黑体'>最新消息</font></h4>")
document.write ("<p><font color='#ffffff'>")
document.write ("<br>        1.《网页设计与制作教程》(第 3 版)和《网页设计与制作实验指导》(第 3 版)即将出版。")
document.write ("<br>        2.《网页设计与制作教程》(第 2 版)荣获江西省第四届高校教材一等奖。")
document.write ("<br>        3.《网页设计与制作教程》(第 2 版)获高等教育十一五国家级规划教材称号。")
document.write ("<br>        4.《网页设计与制作》多媒体教学课件荣获省第三届多媒体课件大赛二等奖。")
document.write ("<br>        5.《网页设计与制作教程》(第 1 版)一书荣获江西省第二届高校教材一等奖。")
document.write ("</font>")
document.write ("</marquee>")
</script>
</td>
</tr>
</table>
```

(6) 其他栏目的内容按正常的插入文本和图片操作来完成，如图 3-61 所示，如需要编辑对齐排列的元素时，优先考虑用表格辅助。制作完毕，预览，最终的效果如图 3-76 所示。

4. 实验后的思考

本例只是提供了一种做网站的思路：利用辅助工具美化网站，但那些辅助工具提供

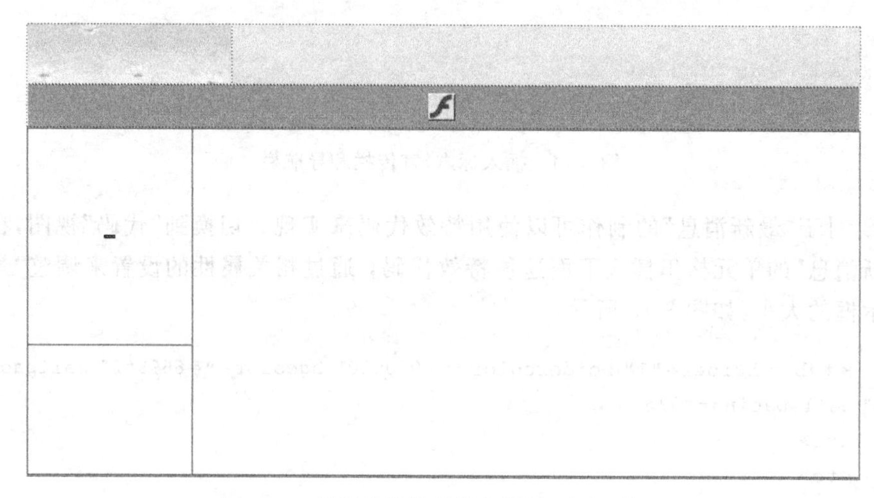

图 3-75　使用特效代码制作“最新消息”栏目

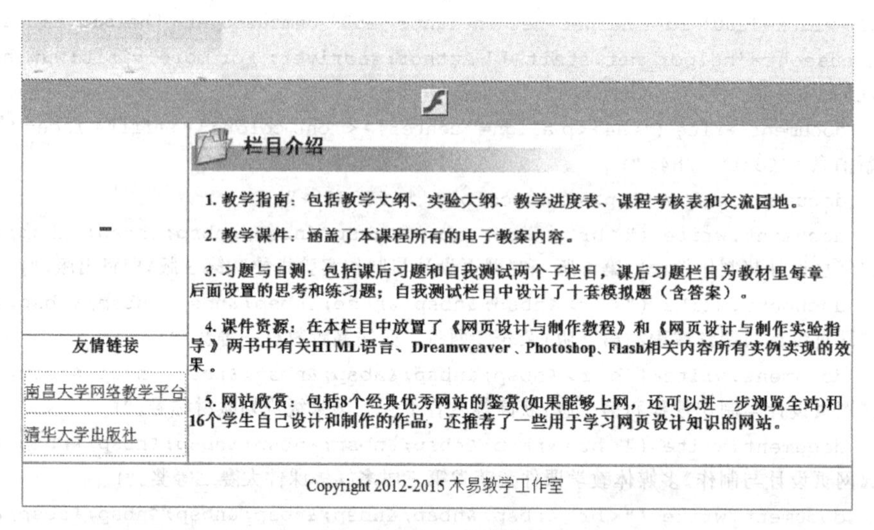

图 3-76　插入文字和图片等普通网页元素

的主要是模板，模板会限制设计者的开发思路，要想实现自己的设计想法，还是需要用网页设计工具制作符合自己想法的网站元素。

第4章 CSS+Div网页布局实验

CSS除了修饰和美化网页元素，控制网页外观外，更重要的作用是布局。CSS+Div更是如今网页布局的主流技术，它是Web标准中一种新的布局方式，正逐渐代替传统的表格布局。用CSS+Div进行网页布局具有诸多优势：结构与表现相分离、代码简洁、利于搜索、方便后期维护和修改。

实验1 制作分栏的文字排版页面

1. 实验目的

制作一个简单的两栏排版的文字页面。

2. 实验效果

本实验的效果如图4-1所示。

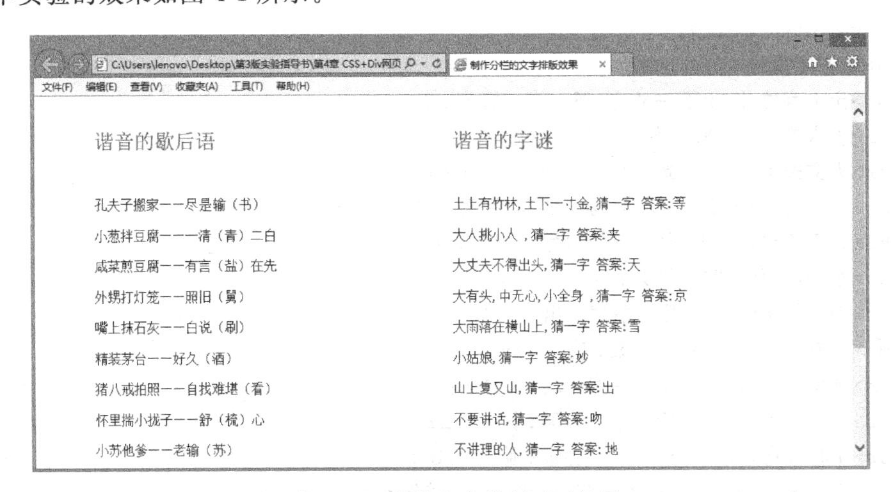

图4-1 两栏的文字排版页面效果

3. 实验步骤

(1) 用记事本新建一个文本文件,输入下列代码,建立本例的 HTML 结构,效果如图 4-2 所示。

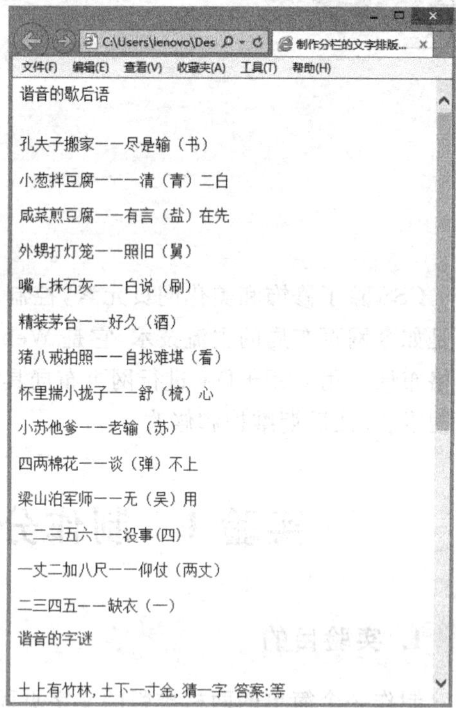

图 4-2 新建一个普通页面

```
<html>
<head>
<title>制作分栏的文字排版效果</title>
</head>
<body>
<div id="layout">
<div class="col">
<p>谐音的歇后语 </p>
<br>孔夫子搬家——尽是输(书)</br>
<br>小葱拌豆腐———清(青)二白  </br>
<br>咸菜煎豆腐——有言(盐)在先  </br>
<br>外甥打灯笼——照旧(舅) </br>
<br>嘴上抹石灰——白说(刷) </br>
<br>精装茅台——好久(酒) </br>
<br>猪八戒拍照——自找难堪(看)</br>
<br>怀里揣小拢子——舒(梳)心 </br>
<br>小苏他爹——老输(苏) </br>
<br>四两棉花——谈(弹)不上 </br>
<br>梁山泊军师——无(吴)用 </br>
<br>一二三五六——没事(四) </br>
<br>一丈二加八尺——仰仗(两丈) </br>
<br>二三四五——缺衣(一) </br>
</div>
<div class="col">
<p>谐音的字谜</p>
<br>土上有竹林,土下一寸金,猜一字  答案:等 </br>
<br>大人挑小人 ,猜一字  答案:夹  </br>
<br>大丈夫不得出头,猜一字  答案:天  </br>
<br>大有头,中无心,小全身 ,猜一字  答案:京  </br>
<br>大雨落在横山上,猜一字  答案:雪  </br>
<br>小姑娘,猜一字  答案:妙  </br>
<br>山上复又山,猜一字  答案:出  </br>
<br>不要讲话,猜一字  答案:吻  </br>
<br>不讲理的人,猜一字  答案:地  </br>
<br>中心一点口不见,猜一字  答案:卜  </br>
<br>中秋夜乌云密布,猜一字  答案:胞  </br>
<br>天上无二,合去一口,家家都有,猜一字  答案:人  </br>
<br>天天,猜一字  答案:晦  </br>
<br>夫人何处去,猜一字  答案:二  </br>
</div>
```

```
</div>
</body>
</html>
```

(2) 在 head 标记中输入代码：<style type="text/css"></style>，然后在 style 标记之间输入下列 CSS 代码，实现两个 div 在水平方向并列显示，也就是两列式布局，效果如图 4-3 所示。

```
#layout {                       /* 最外层 div,目的是实现文章的居中对齐 */
        width:900px;
        margin:0px auto;        /* 设置外边距 */
}
.col {                          /* 两列 div,实现层的浮动,以达到两列布局效果 */
        width:400px;
        padding:0 20px;         /* 设置内边距 */
        float:left;             /* 设置向左浮动显示 */
}
```

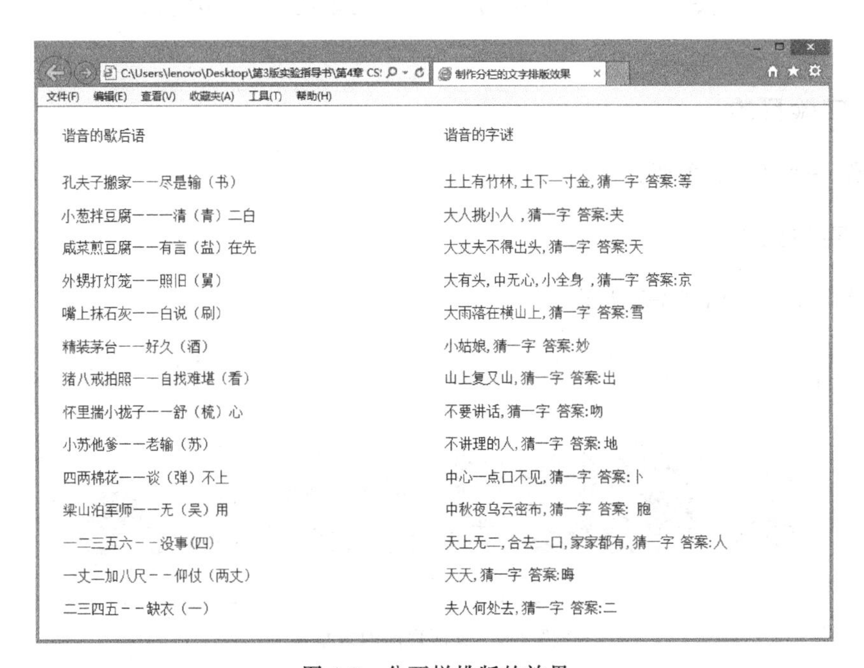

图 4-3　分两栏排版的效果

(3) 输入下列 CSS 代码，用 CSS 设置换段的属性，用于修饰题目，效果如图 4-4 所示。

```
p {
        line-height:180%;           /* 设置行高 */
        font-size:25px;
        color:#06F;
}
```

这样一个两栏的文字排版页面就制作好了，预览效果如图 4-1 所示。

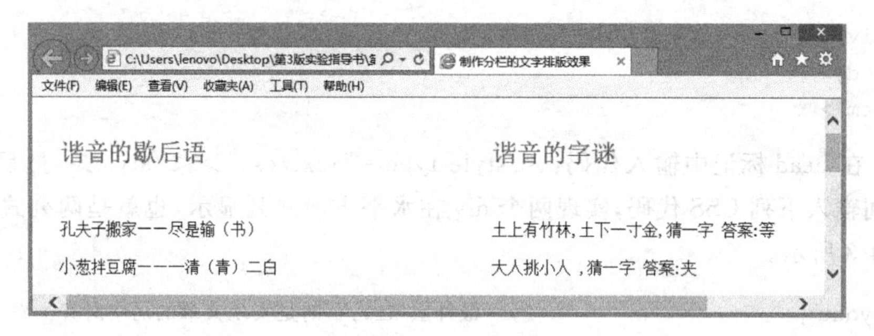

图 4-4 修饰标题

4. 实验后的思考

试着给本例设置一个背景效果。

实验 2 制作一个页面的顶部

1. 实验目的

制作一个页面的顶部。

2. 实验效果

本实验的效果如图 4-5 所示。

图 4-5 页面顶部的效果

3. 实验步骤

(1) 通过构思分析，可以先在白纸上画出本例欲建立的页面布局示意图，如图 4-6 所示。

(2) 新建 Dreamweaver 空白文档，将视图模式切换到代码或拆分视图，在 body 标记之间输入下列代码，建立本例的 HTML 结构，效果如图 4-7 所示。

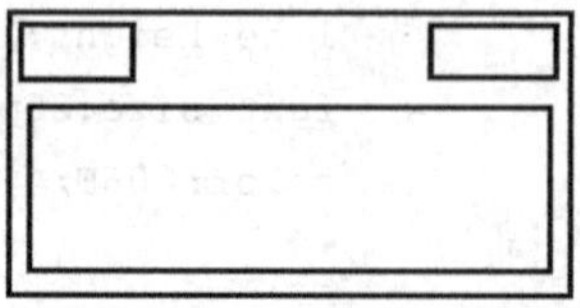

图 4-6 头部布局示意图

```
<div id="top">
```

```
  <div id="logo">
  <img src="image/logo.gif"/>
  </div>
  <div id="menu">
  <a href="#">设为首页</a>  |  <a href="#">加入收藏</a>
  </div>
  <div id="banner">
  <img src="image/banner.png"/>
  </div>
</div>
```

图 4-7　基本结构

(3) 在 head 标记间输入代码：<style type="text/css"></style>，然后在 style 标记之间输入下列 CSS 代码，设置 top 层的属性，效果如图 4-8 所示。

```
#top{
    margin:0 auto;                    /*使整个内容居中显示*/
    width:850px;
}
```

图 4-8　设置居中

(4) 输入下列的代码，使 logo 向左浮动，将 logo 定位在左侧；使 menu 向右浮动，定位在右侧，并使 menu 与右上角之间有一定的距离；设置 menu 中超链接字体的属性，包括字体的大小和超链接的下划线样式，效果如图 4-9 所示。

```
#logo{
    float:left;                          /*设置向左浮动*/
}
#menu{
    float:right;                         /*设置向右浮动*/
```

```
    margin-right:20px;                        /*设置右边距*/
    margin-top:10px;                          /*设置上边距*/
}
#menu a{
    font-size:12px;                           /*设置超链接字号*/
    text-decoration:none;                     /*设置超链接无下划线*/
}
```

图 4-9　设置 logo 和 menu 层的浮动和超链接的属性

(5) 下面对 banner 层的属性进行设置，这是关键的步骤。输入下列代码，使用 clear 属性清除 banner 两侧的浮动元素，使得 banner 另起一行显示。本例在 banner 层下面没有继续设计元素，其显示效果和图 4-9 所示一样。

```
#banner{
    clear:both;
}
```

这样一个简单的页面顶部就做好了，浏览一下，效果如图 4-5 所示。

4. 实验后的思考

要想在网页中真正实现“设为首页”和“加入收藏”功能，可以通过脚本语言来实现，具体步骤如下。

(1) 在.html 文档中找到如下代码：＜a href＝"＃"＞设为首页＜/a＞ | ＜a href＝"＃"＞加入收藏＜/a＞)，用如下代码替换：

```
    <a onClick="SetHome('网址')" href="javascript:void(0)" title="设为首页">
设为首页</a>
    <a onClick="AddFavorite('网址','网站名称')" href="javascript:void(0)"
title="加入收藏">加入收藏</a>
```

(2) 在网页中添加下列 JavaScript 脚本代码(可以把脚本放置到 body 内，也可以放置到 head 内)：

```
<script language="javascript">
//加入收藏
function AddFavorite(sURL, sTitle) {
sURL =encodeURI(sURL);
try {
```

```
    window.external.addFavorite(sURL, sTitle);
} catch (e) {
try {
    window.sidebar.addPanel(sTitle, sURL, "");
} catch (e) {
    alert("加入收藏失败,请使用 Ctrl+D 进行添加,或手动在浏览器里进行设置.");
    }
}
}
//设为首页
function SetHome(url) {
if (document.all) {
    document.body.style.behavior ='url(#default#homepage)';
    document.body.setHomePage(url);
} else {
  alert("您好,您的浏览器不支持自动设置页面为首页功能,请您手动在浏览器里设置该页面
为首页!");
}
}
</script>
```

通过上面两步的操作,即可实现网页的“设为首页”和“加入收藏”功能,效果如图 4-10 和图 4-11 所示。

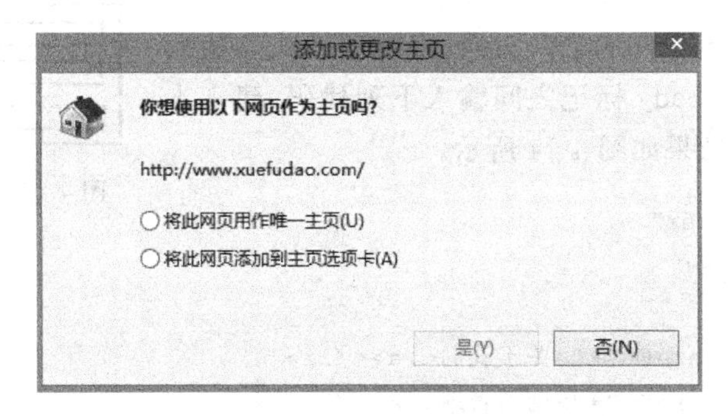

图 4-10 “设为首页”功能

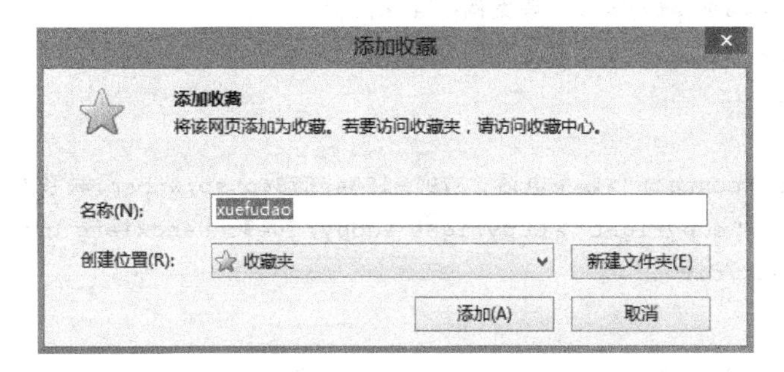

图 4-11 “加入收藏”功能

实验3　制作一个页面的底部

1. 实验目的

制作一个页面的底部。

2. 实验效果

本实验的效果如图4-12所示。

图4-12　页面的底部效果

3. 实验步骤

(1) 通过构思分析，可以先在白纸上画出本例要建立的页面布局示意图，如图4-13所示。

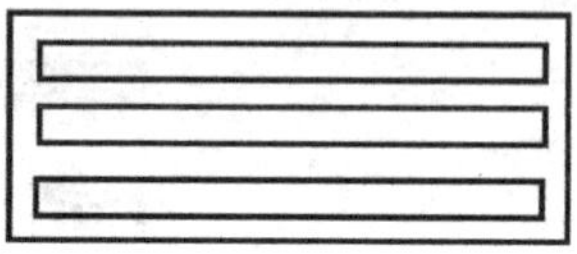

图4-13　底部布局示意图

(2) 新建Dreamweaver空白文档，将视图模式切换到代码或拆分视图，在body标记之间输入下列代码，建立本例的HTML结构，效果如图4-14所示。

```
<div id="footer">
  <div id="nav">
    <ul>
      <li><a href="#">关于我们</a></li>
      <li><a href="#">网站管理</a></li>
      <li><a href="#">产品中心</a></li>
      <li><a href="#">工程案例</a></li>
      <li><a href="#">联系我们</a></li>
    </ul>
  </div>
  <div id="contact">联系电话：0791-12345678  联系人：杨经理</div>
  <div id="copyright">Copyright &copy;2013chuangxiang company All Rights
  Reserved</div>
</div>
```

(3) 在head标记间输入代码：<style type="text/css"></style>，然后在style标记之间输入下列CSS代码，设置footer的属性，其中为footer设置了背景颜色、宽度、

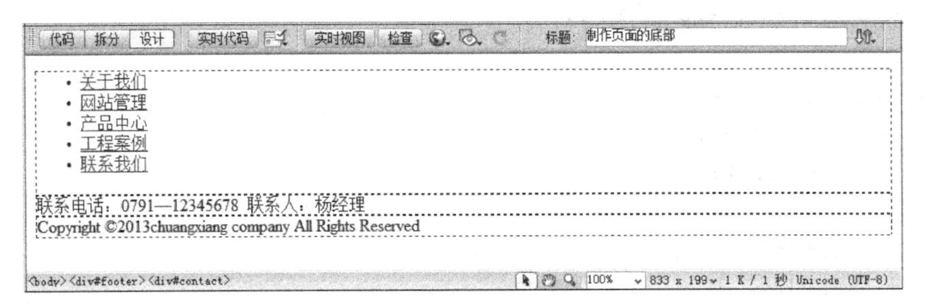

图 4-14　基本结构

字体颜色和文本居中，还通过 margin 属性的设置使整个内容居中显示，padding 属性设置了内容距边界之间的距离，效果如图 4-15 所示。

```
#footer{
    background-color:#4d84f9;
    margin:0 auto;
    width:850px;
    color:#fff;
    text-align:center;
    padding:5px 0 5px 0;
}
```

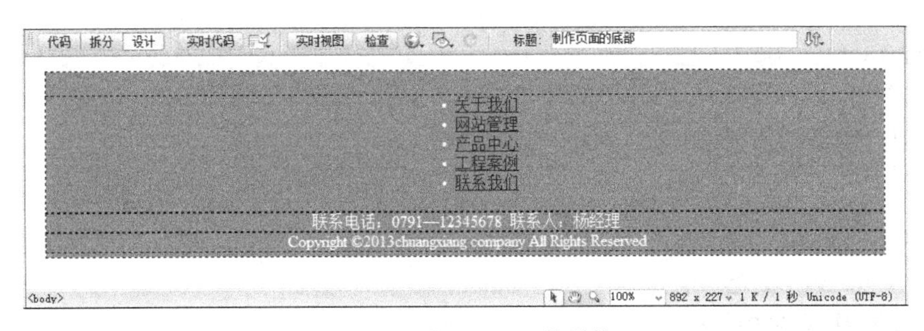

图 4-15　设置 footer 的属性

（4）输入下列代码设置 nav 的属性，其中设置了左内边距使 nav 内的内容可以靠近中间显示，而不是靠近左边显示；接着设置了列表项的属性，将列表项向左浮动，另外还设置了列表项之间的距离和右边框；然后设置列表项的超链接字体的属性，包括字体的大小、下划线、字体颜色、宽度和以块状显示等，效果如图 4-16 所示。

```
#nav ul{
    padding-left:197px;
    margin:0px;
    }
#nav ul li{
    float:left;
    list-style:none;
    margin-right:20px;
```

```
    border-right:1px solid #fff;
}
#nav ul li a{
    font-size:12px;
    display:block;
    text-decoration:none;
    color:#fff;
    width:70px;
}
```

图 4-16 设置 nav 的属性

(5) 输入下列代码设置 contact 层和 copyright 层的属性。对于 contact 层,除了设置字体大小和上边界,还设置了 clear 属性,清除 contact 层左侧的浮动元素,这是为了使 contact 另起一行显示;对于 copyright 层,设置了字体和上内边距的属性,效果如图 4-17 所示。

```
#contact{
    font-size:12px;
    padding-top:5px;
    clear:left;
}
#copyright{
    font-size:12px;
    padding-top:3px;
}
```

图 4-17 设置 contact 和 copyright 的属性

这样一个简单的页面底部就做好了,浏览一下,效果如图 4-12 所示。

4. 实验后的思考

试分析一下,相比单纯用 HTML 制作的页面底部,使用 CSS+Div 做的页面底部的优势在哪里?

实验 4　制作简单的企业网站首页

1. 实验目的

用 CSS 布局制作一个简单的企业网站的首页。

2. 实验效果

本实验的效果如图 4-18 所示。

图 4-18　简单的网页效果

3. 实验步骤

（1）通过构思分析，可以先在白纸上画出本例要建立的页面布局示意图，如图 4-19 所示。

（2）新建 Dreamweaver 空白文档，将视图模式切换到代码或拆分视图，在 body 标记之间输入下列代码，建立本例的 HTML 结构，如图 4-20 所示。下面通过设置 CSS 属性对每个 div 的位置和内容进行控制。

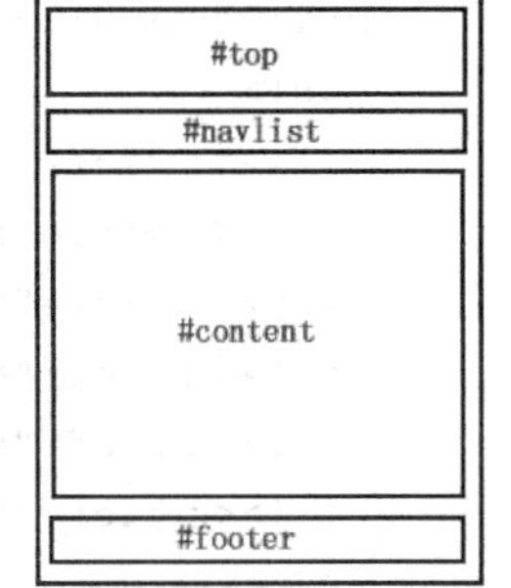

图 4-19　页面布局示意图

```
<div id="container">
    <div id="top"></div>
    <div id="navlist"></div>
    <div id="content"></div>
```

```
    <div id="footer"></div>
</div>
```

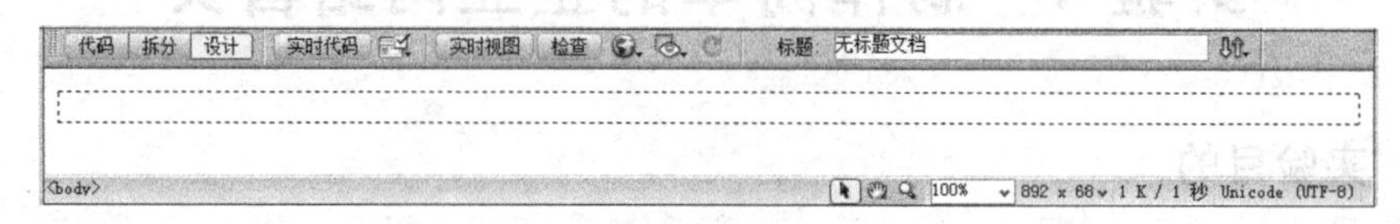

图 4-20　基本结构

(3) 在 head 标记间输入代码：<style type="text/css"></style>，然后在 style 标记之间输入下列 CSS 代码，先设置 container 层的属性，顾名思义，container 层是一个大容器，margin:0 auto 使得容器居中显示，也就是页面居中效果。

```
#container{
    width:850px;
    margin:0 auto;
}
```

(4) 设置 top 层。top 层的内容和 CSS 属性的设置同本章的实验 2，将实验 2 中的 HTML 代码和 CSS 代码复制到相应的位置即可，效果如图 4-21 所示。

图 4-21　top 层的效果

(5) 设置 navlist 层。这个层是用来放置导航栏的层，在文件体的 navlist 层中输入下列的代码，插入制作导航栏的列表项，效果如图 4-22 所示。

```
<div id="navlist">                              /*建立导航栏的列表项*/
    <ul>
    <li><a href="#">首页</a></li>
    <li><a href="#">产品系列</a></li>
    <li><a href="#">研发设计</a></li>
    <li><a href="#">认证证书</a></li>
    <li><a href="#">样品需求</a></li>
    <li><a href="#">售后服务</a></li>
    </ul>
</div>
```

图 4-22 插入 navlist 层的内容

(6) 在文件头中输入下列 CSS 代码，设置列表、列表项、链接字体、鼠标滑过链接时的属性，这是制作导航栏的一般步骤，效果如图 4-23 所示。

```
#navlist ul{                          /*设置列表属性*/
    padding-top:0px;
    padding-left:95px;                /*设置左内边距,将列表项居中显示*/
    width:755px;
    background-color:#09B;
    margin:0px;
    float:left;
}
#navlist ul li{                       /*设置列表项属性*/
    float:left;
    list-style:none;
    text-align:center;
    margin:0px;
}
#navlist ul li a{                     /*设置链接字体属性*/
    font-size:13px;
    color:#CFF;
    background-color:#09b;
    display:block;
    width:100px;
    padding:5px;
    border-right:1px solid #CCC;
    text-decoration:none;
}
#navlist ul li a:hover{               /*设置鼠标滑过链接时的属性*/
    color:#fff;
    background-color:#098;
}
```

图 4-23 设置 navlist 层的 CSS 属性后的效果

(7) 制作 content 层的内容。在文件体 id 为 content 的层中插入下列代码,效果如图 4-24 所示。

```
<div id="content">
    <h2>公司简介</h2>
    <p>创想科技有限公司是……材料,产品符合 SGS、UL 等相关规范。</p>
    <p>产品广泛应用于……供热传递方案,协助客户选择导热材料。</p>
    <p>创想科技秉承着……支持回报广大客户的支持与帮助! </p>
</div>
```

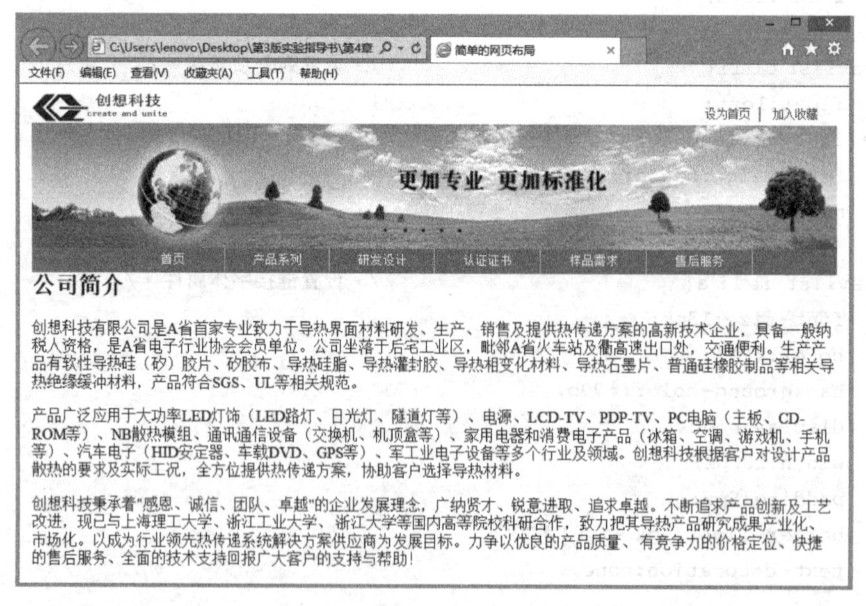

图 4-24 插入 content 层的内容

(8) 在文件头中输入下列 CSS 代码,设置 content 层的属性。其中 clear:left 清除了 content 层左侧的浮动元素,这是因为在设置 navlist 层时,为导航项设置了 float:left 属性,clear 属性的设置使得 content 层另起一行显示,否则将会和 navlist 层在同一行显示,效果如图 4-25 所示。

```
#content{
    font-size:14px;
    color:#666;
    clear:left;                          /* 清除 content 层左侧的浮动元素 */
    padding:20px;
    border-left:1px solid #666;
    border-right:1px solid #666;
}
```

图 4-25　设置 content 层的 CSS 属性后的效果

(9) 制作 footer 层的内容。将实验 3 中的 HTML 代码和 CSS 代码复制到本实验的相应位置即可,效果如图 4-26 所示。

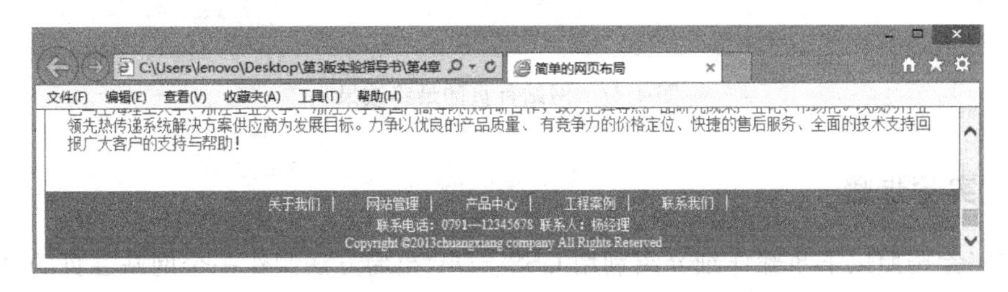

图 4-26　footer 层的效果

这样一个简单的网页就做好了,浏览效果,如图 4-18 所示。

4. 实验后的思考

在设置 navlist 层属性时，为什么 ul 也要设置 float 属性呢？

实验 5　制作复杂的企业网站首页

1. 实验目的

用 CSS 布局制作一个复杂一些的企业网站首页。

2. 实验效果

本例的实验效果如图 4-27 所示。

图 4-27　网站首页的最终效果

3. 实验步骤

本实验按照以下步骤详细介绍利用 CSS+Div 布局方法制作一个网站首页的过程。

1）页面结构分析

构思好的首页效果图和结构划分如图 4-28 所示。

2）建立首页的整体框架结构

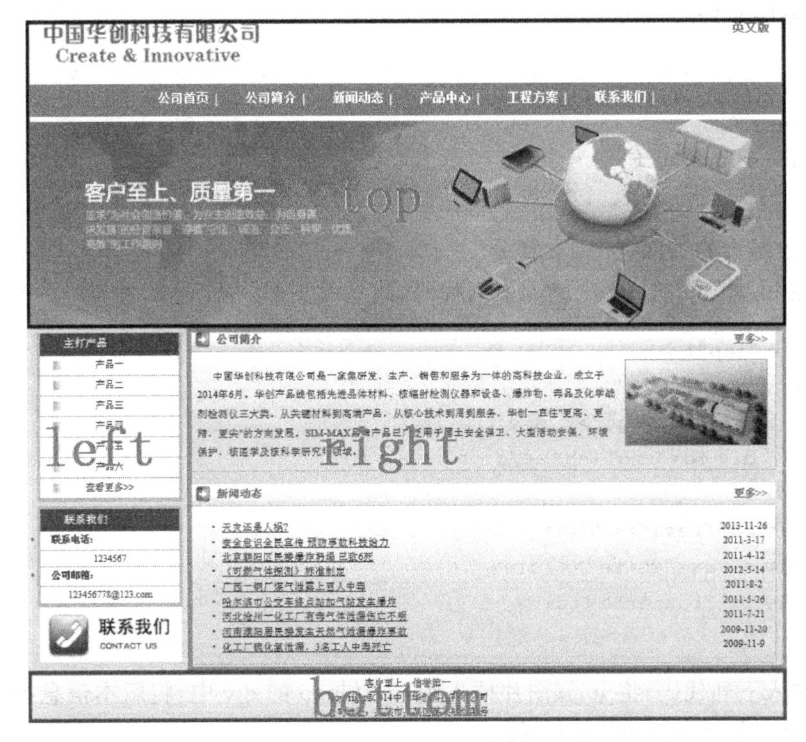

图 4-28　首页的分割效果图

(1) 新建 Dreamweaver 空白文档,将视图模式切换到代码或拆分视图,在 body 标记之间输入下列代码,建立本例的 HTML 结构,效果如图 4-29 所示。

```
<div id="container">
    <div id="top"></div>
    <div id="mid">
        <div id="left"></div>
        <div id="right"></div>
    </div>
    <div id="bottom"></div>
</div>
```

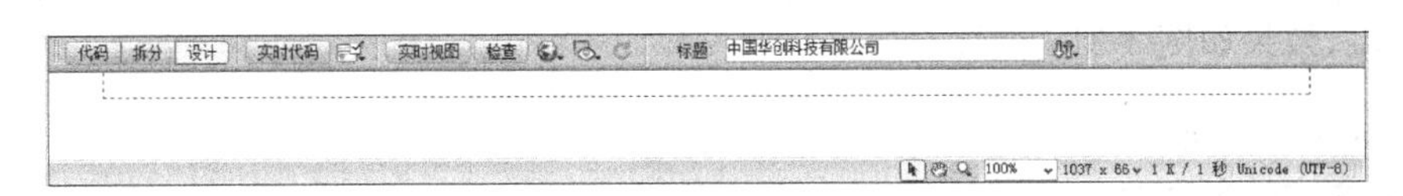

图 4-29　建立页面的框架

(2) 在 head 标记间输入代码: <style type="text/css"></style>,然后在 style 标记之间输入下列 CSS 代码,先设置整体页面和 container 层的属性。

```
body{
    margin:0px;
```

```
    text-align:center;
}
#container{
    width:950px;
    margin:0px auto;
}
```

3）构建网页的头部——top部分

（1）在id为top的div中输入下列代码，建立起头部的HTML框架。

```
<div id="top">
    <div id="header">
        <div id="logo"></div>
        <div id="english"></div>
    </div>
    <div id="navi"></div>
    <div class="white"></div>
    <div id="banner"></div>
</div>
```

（2）输入下列代码，将logo图片插入到id为logo的div中，将版本信息插入到id为english的div中，效果如图4-30所示。

```
<div id="logo"><img src="image/logo.png"/></div>
<div id="english"><a href="#">英文版</a></div>
```

图4-30 建立logo层和english层

（3）输入下列CSS代码，设置header层、logo层和english层的属性，可以看到除了logo和english设置了浮动属性之外，header也设置了浮动属性，这样就可以让它们都脱离标准流，效果如图4-31所示。

```
#top #header {
    width:950px;
    height:80px;
    float:left;
    margin-bottom:10px;
}
#top #header #logo{
    float:left;
    margin-top:15px;
```

```
        margin-left:15px;
        margin-right:8px;
    }
    #top #header #english{
        float:right;
        margin-top:15px;
        margin-right:15px;
    }
    #top #header #english  a{
        text-decoration:none;
        color:#2976C8;
        font-size:16px;
        font-weight:bold;
    }
```

图 4-31　logo 层和 english 层的效果

(4) 制作头部的导航栏。在 id 为 navi 的 div 中输入下列的代码,建立列表,效果如图 4-32 所示。

```
<div id="navi">
    <ul id="nav">
    <li><a href="index.html">公司首页   |</a></li>
    <li><a href="公司简介.html">公司简介   |</a></li>
    <li><a href="新闻动态.html">新闻动态   |</a></li>
    <li><a href="产品中心.html">产品中心   |</a></li>
    <li><a href="工程方案.html">工程方案   |</a></li>
    <li><a href="联系我们.html">联系我们   |</a></li>
    </ul>
</div>
```

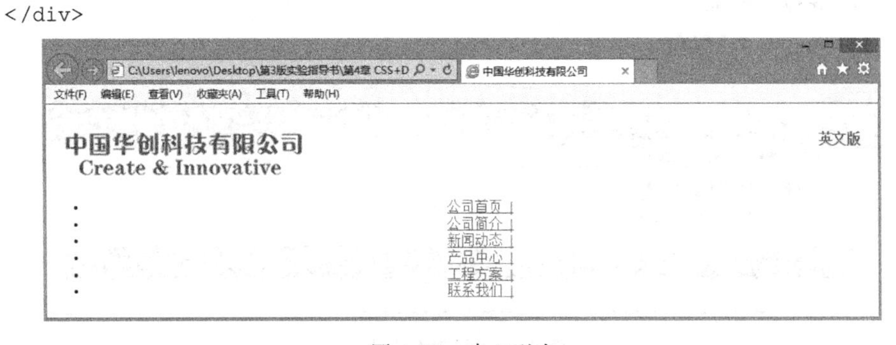

图 4-32　建立列表

(5) 输入下列 CSS 代码设置导航栏的相关属性。首先设置 navi 的属性，其中 clear 属性清除了左右两侧的浮动元素，使导航栏不会与 header 层在同一行中显示；然后设置 nav 的属性，使它的外边距和内边距都为 0px；接下来设置列表项的属性；最后设置列表项的链接和鼠标移动上去的属性。效果如图 4-33 所示。

```
#navi{
    background:#418CDD;
    padding-left:145px;
    padding-right:145px;
    width:660px;
    clear:both;
    float:left;
}
#nav{
    margin:0px;
    padding:0px;
}
#nav  li{
    float:left;
    list-style:none;
}
#nav  li a{
    width:110px;
    height:30px;
    color:#fff;
    font-weight:bold;
    text-align:center;
    text-decoration:none;
    display:block;
    background:#418CDD;
    padding-top:10px;
}
#nav li a:hover{
    color:#418CDD;
    background:#fff;
}
```

图 4-33 导航栏效果

(6) 为了使布局更为漂亮，在导航栏下面插入了一个 white 层，输入以下 CSS 代码并设置它的属性，这个层并没有实质的内容，只是起到分隔的作用，效果如图 4-34 所示。

```
.white{
    height:6px;
    background:#fff;
    width:950px;
    clear:both;
}
```

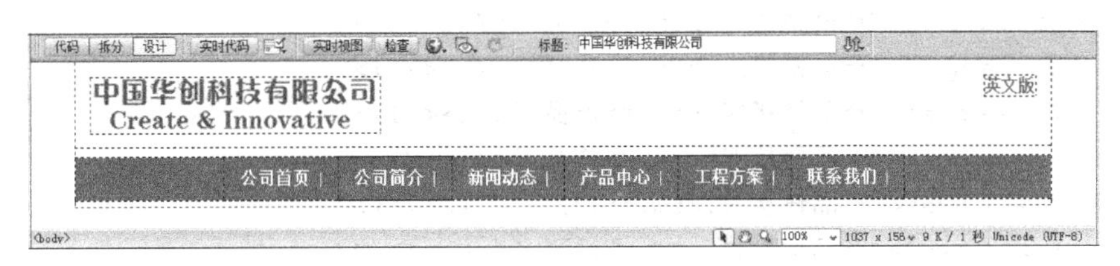

图 4-34　white 层的设计

(7) 制作 banner 部分。在 banner 层之间插入提前做好的 banner 图片即可，至此头部就制作好了，效果如图 4-35 所示。

```
<div id="banner">
   <img src="image/banner.jpg"/>
</div>
```

图 4-35　网页头部效果

4) 构建网页中部的左侧——left 部分

(1) 在 style 标记中输入下列代码设置 left 的属性，设置它的宽度、背景颜色和内外边距，并设置它的浮动定位为左侧。

```
#left{
    background:#BADAFF;
    width:184px;
```

```
    padding:5px 8px;
    margin:0x;
    float:left;
}
```

(2) 在 id 为 left 的 div 中输入下列代码,制作产品列表,效果如图 4-36 所示。

```
<ul class="list01">
    <li class="title01">主打产品</li>
    <li><a href="产品链接一.html">产品一</a></li>
    <li><a href="产品链接二.html">产品二</a></li>
    <li><a href="产品链接三.html">产品三</a></li>
    <li><a href="产品链接四.html">产品四</a></li>
    <li><a href="产品链接五.html">产品五</a></li>
    <li><a href="产品链接六.html">产品六</a></li>
    <li><a href="产品中心.html">查看更多>></a></li>
</ul>
```

图 4-36　制作产品列表

(3) 输入下列 CSS 代码设置列表属性,其中的 item01.jpg 是设置列表项符号的图片,效果如图 4-37 所示。

```
#left .list01{
    border:solid #91BAE6 4px;
    background:#fff;
    padding:0px;
    margin:0px;
```

```
}
#left .list01 li{
    list-style:none;
    padding:5px 0px;
    border-bottom:dotted #666 1px;
    background-image:url(image/item01.jpg);
    background-position:left;
    background-repeat:no-repeat;
}
#left .list01 li a{
    text-align:left;
    text-decoration:none;
    color:#333;
    font-size:12px;
    padding-left:0px;
}
#left .list01 li a:hover{
    text-decoration:underline;
    color:#C95316;
    font-weight:bold;
}
```

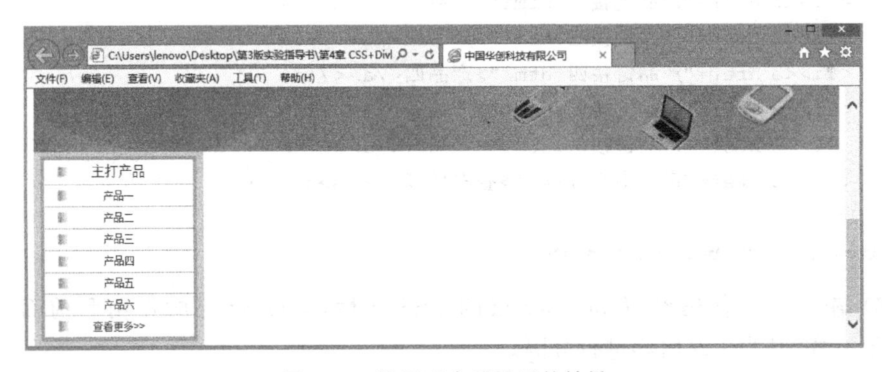

图 4-37　设置列表属性后的效果

(4) 设置列表项的 title 属性,其中 title 与一般列表项不同的就是背景颜色、字体颜色和大小等,效果如图 4-38 所示。

```
#left .list01 .title01 {
    color:#fff;
    font-size:14px;
    text-align:left;
    background:#18489C;
    padding-left:30px;
    background-image:none;
}
```

```
#left .list01 .title01 a{
    color:#fff;
    font-size:14px;
}
```

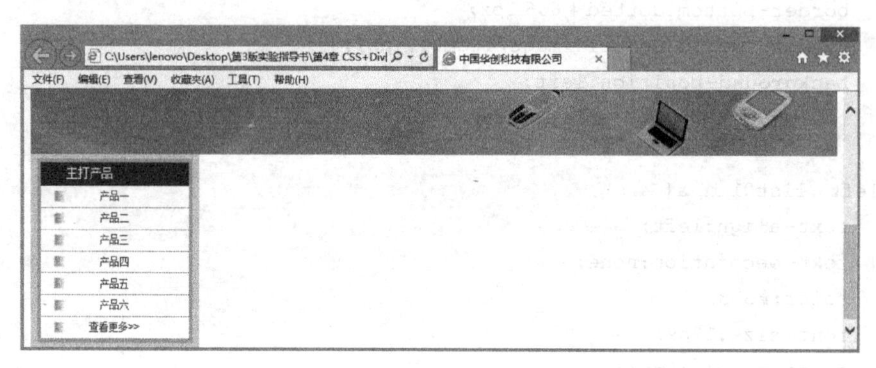

图 4-38　设置列表项的 title 效果

(5) 在 list01 后输入下列的 class 为 bluebar 的 div。

```
<ul class="list01">
    <li class="title01">主打产品</li>
    <li><a href="产品链接一.html">产品一</a></li>
    <li><a href="产品链接二.html">产品二</a></li>
    <li><a href="产品链接三.html">产品三</a></li>
    <li><a href="产品链接四.html">产品四</a></li>
    <li><a href="产品链接五.html">产品五</a></li>
    <li><a href="产品链接六.html">产品六</a></li>
    <li><a href="产品中心.html">查看更多>></a></li>
</ul>
<div class="bluebar"></div>
```

(6) 输入下列代码设置 bluebar 层的 CSS 属性，bluebar 层的作用和前面提到的 white 层一样，是为了对内容进行分隔。

```
#left .bluebar{
    width:180px;
    height:5px;
    background-color:BADAFF;
}
```

(7) 设置"联系我们"的板块，在"bluebar"层后输入下列的代码，效果如图 4-39 所示。

```
<ul class="list01">
    <li class="title01">联系我们</li>
    <li class="contact">联系电话：</li>
    <li class="lastcon">1234567</li>
    <li class="contact">公司邮箱：</li>
```

```
    <li class="lastcon">123456778@ 123.com</li>
</ul>
<div id="Bimage"><img src="image/bg(con).jpg"/></div>
<div class="bluebar"></div>
```

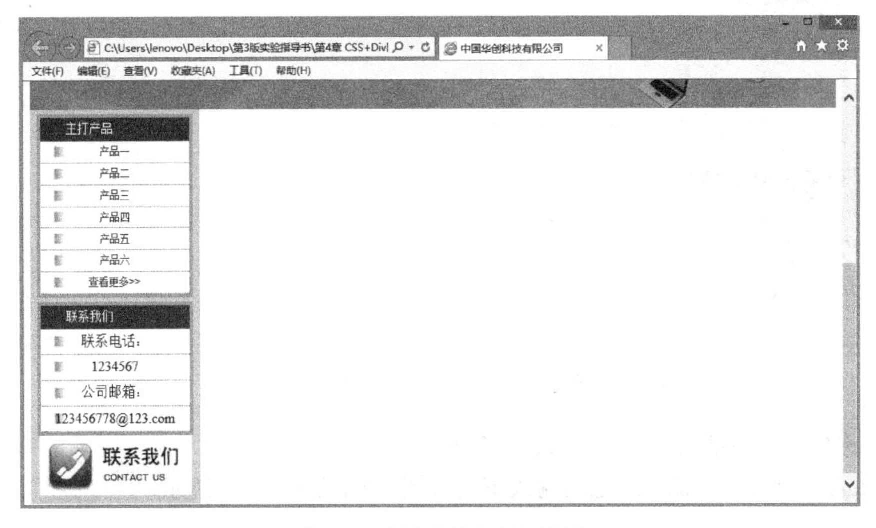

图 4-39　制作"联系我们"板块

(8) 输入下列 CSS 代码,设置"联系我们"的属性,这样左侧就制作完成,效果如图 4-40 所示。

```
#left .list01 .contact{
    font-size:12px;
    color:#333;
    font-weight:bolder;
    background-image:none;
    padding-left:3px;
    padding-top:3px;
    list-style:circle;
    text-align:left;
    padding-left:13px;
}
#left .list01 .lastcon{
    font-size:12px;
    color:#333;
    background-image:none;
    padding:3px 3px;
}
#left #Bimage{
    text-align:center;
}
```

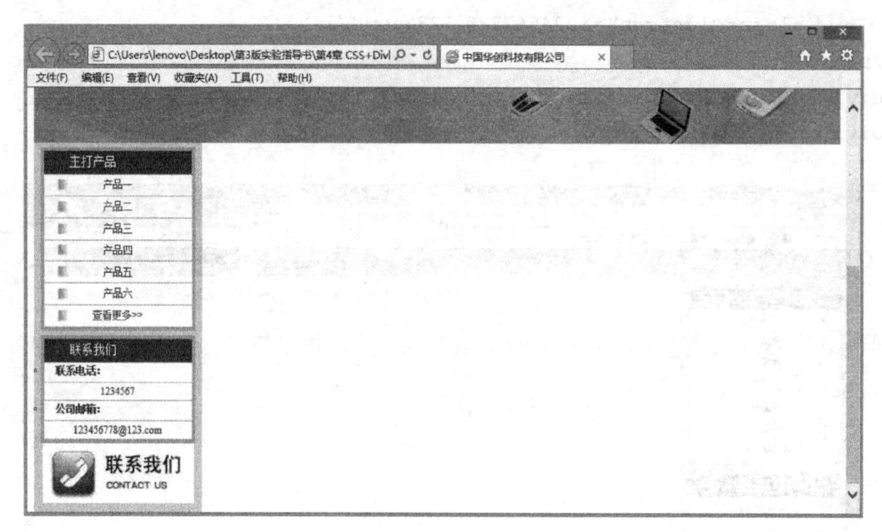

图 4-40 网页中部左侧的效果

5) 构建网页中部的右侧——right 部分

(1) 在 id 为 right 的 div 之间输入下列代码,效果如图 4-41 所示。

```
<div id="r-intro">
    <div class="title02">
      <div class="r-name">公司简介</div>
      <div class="r-more"><a href="导航条网页/公司简介.html">更多>></a>
      </div>
      </div>
    <div id="r-intro-con"><a href="../导航条网页/公司简介.html"><img src=
    "image/intro-img.jpg"/></a>
        <p>      中国华创科技有限公司是一家集研
    发、生产、销售和服务为一体的高科技企业,成立于 2014 年 6 月。华创产品线包括先进晶体
    材料、核辐射检测仪器和设备、爆炸物、毒品及化学战剂检测仪三大类。从关键材料到高端产
    品,从核心技术到周到服务,华创一直往"更高、更精、更尖"的方向发展。SIM-MAX 品牌产品
    已广泛用于国土安全保卫、大型活动安保、环境保护、核医学及核科学研究等领域。</p>
    </div>
</div>
```

(2) 设置 right 层的属性和 r-intro 层部分的宽度,效果如图 4-42 所示。

```
    #right {
    background:#BADAFF;
    padding-top:5px;
    padding-bottom:5px;
    padding-right:8px;
    float:left;
    width:742px;
}
```

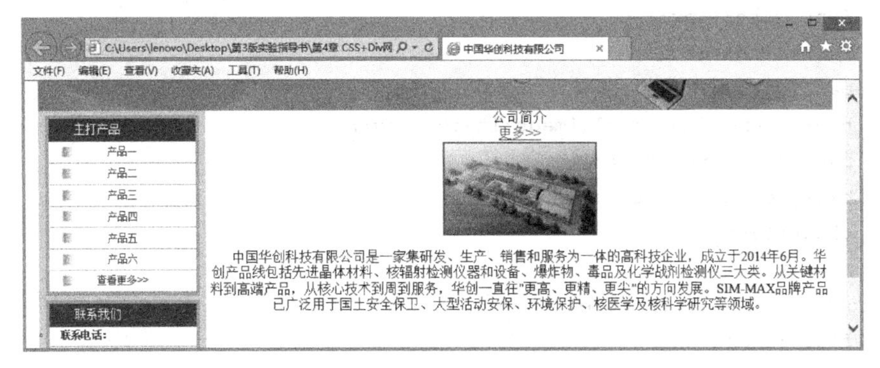

图 4-41　制作“公司简介”板块

```
#right #r-intro{
    width:742x;
}
```

图 4-42　设置 right 层和 r-intro 层的属性

(3) 设置 title02 的 CSS 属性，其中将准备好的 title02.jpg 设置为背景图片；为了使 title02 内的 r-name 和 r-more 可以设置浮动属性，将它们的父元素 title02 也设置了浮动属性，使它们均脱离了标准流；r-name 层也设置了事先准备好的背景图片 item02.png，设置背景的属性，使它定位在左侧；设置 r-more 以及其内的超链接的属性。效果如图 4-43 所示。

```
#right  .title02{
    background-image:url(image/title02.jpg);
    background-repeat:repeat-x;
    float:left;
    width:737px;
    padding-left:5px;
    margin-top:0px;
}
#right  .title02  .r-name{
    color:#166AB0;
```

```
        font-size:14px;;
        font-weight:bold;
        padding:5px 30px;
        background-image:url(image/item02.png);
        background-position:left;
        background-repeat:no-repeat;
        float:left;
    }
    #right  .title02  .r-more{
        float:right;
        padding:5px 10px;
    }
    #right  .title02  .r-more a{
        text-decoration:none;
        color:#C95316;
        font-size:14px;;
        font-weight:bold;
        float:right;
    }
    #right  .title02  .r-more a:hover{
        text-decoration:underline;
        color:#000;
    }
```

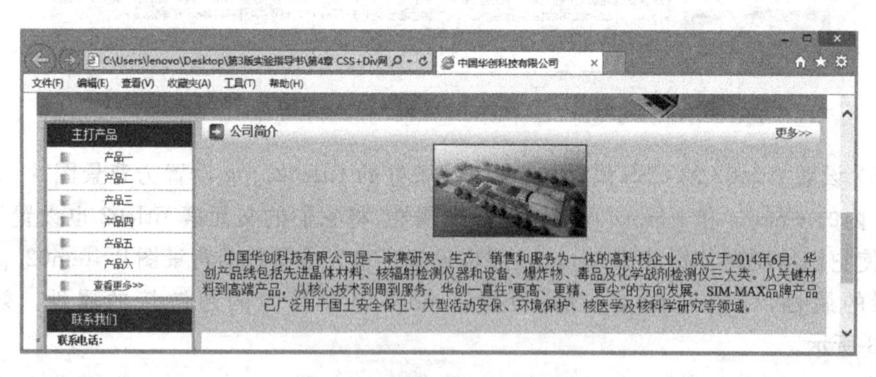

图 4-43　设置 title02 的属性

(4) 输入代码设置与 title02 并列的层 r-intro-con 的属性。其中 clear 属性清除了 title02 层浮动的影响；还设置了背景的属性，其中背景图片 bg180.jpg 需要事先准备好；同时还设置了 r-intro-con 中的 p 标记和 img 标记的属性，其中将 img 的浮动属性设置为 right，使文字都浮动到图片的左侧，line-height 属性设置了行距。这样“公司简介”板块就制作完成，效果如图 4-44 所示。

```
    #right  #r-intro-con{
        font-size:13px;
        color:#243547;
```

```
    width:740px;
    clear:both;
    background-image:url(image/bg180.jpg);
    background-repeat:repeat-x;
    border:solid #9AB9F2 1px;
}
#right  #r-intro-con img{
    float:right;
    margin:10px 10px;
    border:solid #999 2px;
}
#right  #r-intro-con p{
    margin-bottom:10px;
    margin-left:10px;
    padding-top:5px;
    text-align:left;
    line-height:1.8em;
}
```

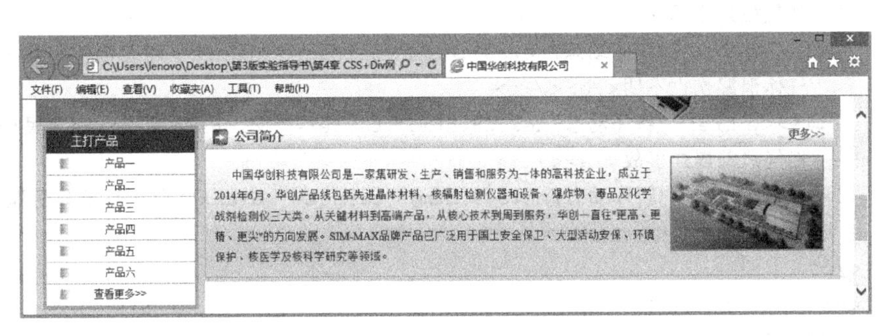

图 4-44 “公司简介”板块的效果

(5) 制作 right 区域的另一部分——“新闻动态”板块。为了使板块之间留有一定的空隙，在 r-intro 结束后的地方插入一个 blue-bar01 层，代码为：<div class="blue-bar01"></div>，输入下列代码设置它的 CSS 属性。

```
#right .blue-bar01{
    width:742px;
    background:#BADAFF;
    height:15px;
    margin:0px;
    clear:both;
}
```

(6) 输入下列的“新闻动态”板块的 HTML 代码。其中 title02 层与之前的“公司简介”设置类似；在 news-list 层中设置了两个列表，分别放置新闻的标题和日期，效果如图 4-45 所示。

```
<div class="r-news">
    <div class="title02">
        <div class="r-name">新闻动态</div>
        <div class="r-more"><a href="导航条网页/新闻动态.html">更多>></a>
        </div>
    </div>
    <div class="news-list">
    <ul class="biaoti">
      <li><a href="新闻动态/news01.html" target="_blank">天灾还是人祸?</a></li>
      <li><a href="新闻动态/news02.html" target="_blank">安全意识全民宣传 预防
        事故科技给力</a></li>
      <li><a href="新闻动态/news03.html" target="_blank">北京朝阳区民楼爆炸坍
        塌 已致 6 死</a></li>
      <li><a href="新闻动态/news04.html" target="_blank">《可燃气体探测》标准制
        定</a></li>
      <li><a href="新闻动态/news05.html" target="_blank">广西一钢厂煤气泄漏上
        百人中毒</a></li>
      <li><a href="新闻动态/news06.html" target="_blank">哈尔滨市公交车终点站
        加气站发生爆炸</a></li>
      <li><a href="新闻动态/news07.html" target="_blank">河北沧州一化工厂有毒
        气体泄漏伤亡不明</a></li>
      <li><a href="新闻动态/news08.html" target="_blank">河南濮阳居民楼发生天
        然气泄漏爆炸事故</a></li>
      <li><a href="新闻动态/news09.html" target="_blank">化工厂硫化氢泄漏,3 名
        工人中毒死亡</a></li>
    </ul>
    <ul class="date">
      <li>2013-11-26</li>
      <li>2011-3-17</li>
      <li>2011-4-12</li>
      <li>2012-5-14</li>
      <li>2011-8-2</li>
      <li>2011-5-26</li>
      <li>2011-7-21</li>
      <li>2009-11-20</li>
      <li>2009-11-9 </li>
     </ul>
     </div>
</div>
```

(7) 输入下列 CSS 代码设置 news-list 及相关属性,包括新闻的标题列表属性、列表的通用属性、新闻标题列表中超链接的各种状态属性、日期列表的属性等。这样随着“动态新闻”板块的制作完成,页面的中部也就制作完成了,效果如图 4-46 所示。

```
#right  .news-list{
```

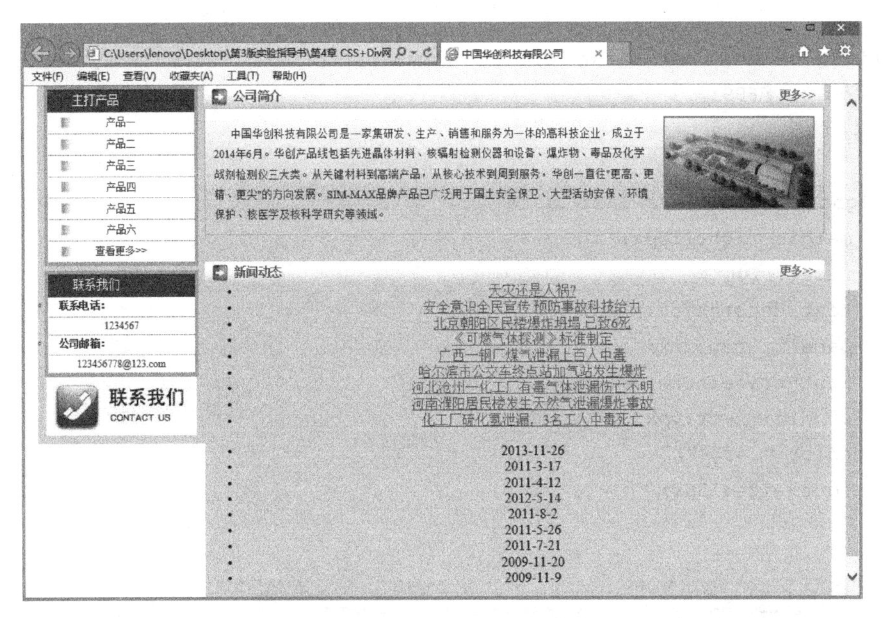

图 4-45　创建“新闻动态”板块

```
    width:740px;
    background-image:url(image/bg180.jpg);
    background-repeat:repeat-x;
    border:solid #9AB9F2 1px;
    padding:0px;
    color:#243547;
    font-size:13px;
    float:left;
    clear:both;
}
#right  .news-list  .biaoti {
    float:left;
    text-decoration:underline;
    padding-top:3px;
    text-align:left;
}
#right  .r-news .news-list ul li{
    padding-top:3px;
}
#right  .news-list  .biaoti a:link {
    color:#243547;
    font-size:13px;
}
#right .r-news .news-list .biaoti  a:hover {
    color:#900;
```

```
}
#right .r-news .news-list .biaoti  a:visited {
    color:#609;
}

#right .r-news .news-list .date{
    margin-right:10px;
    float:right;
    text-decoration:none;
    padding-top:3px;
    list-style:none;
    padding-left:0px;
    color:#243547;
    font-size:13px;
}
```

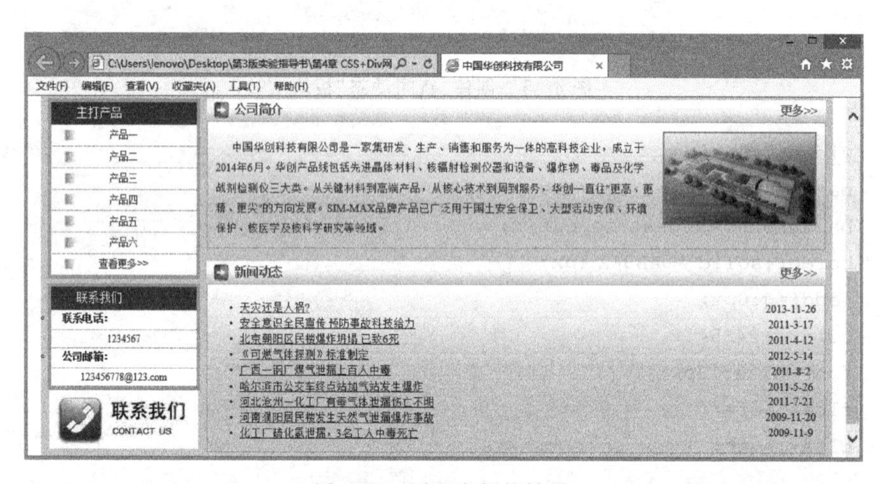

图 4-46 页面中部的效果

6）构建网页的底部——bottom 部分

(1) 在 id 为 bottom 的 div 标记里输入下列代码，建立底部的 HTML 框架，效果如图 4-47 所示。

```
<div class="footer">客户至上,信誉第一</div>
<div class="footer">Copyright&copy;2014 中国华创科技有限公司</div>
<div class="footer">公司地址：某某市某某区某某街道某号</div>
```

(2) 输入下列 CSS 代码设置底部的 CSS 属性，其中 bg95.jpg 是事先准备好的背景图片。这样网页的底部就制作完成了，效果如图 4-48 所示。

```
#bottom{
    width:950px;
    background-image:url(image/bg95.jpg);
    background-repeat:repeat-x;
```

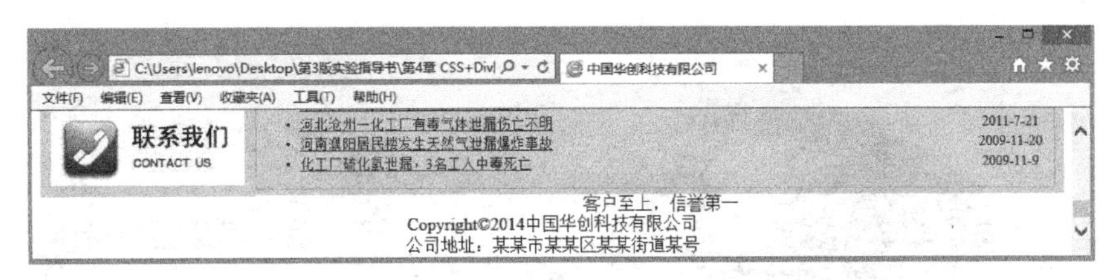

图 4-47　创建页面的底部

```
    padding-top:10px;
    clear:both;
    margin:0px;
}
#bottom .footer{
    width:950px;
    font-size:12px;
    color:#333;
    padding-bottom:4px;
}
```

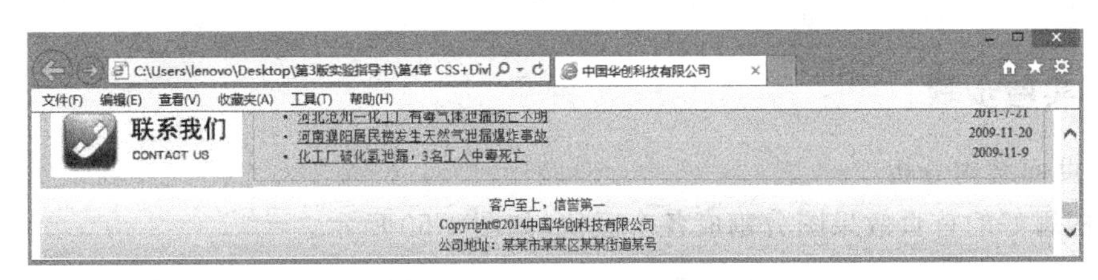

图 4-48　页面底部的效果

随着页面底部制作完毕，整个网页也就制作完成了，最后的页面效果如图 4-27 所示。

4. 实验后的思考

为什么采用分层设计的思路？

实验 6　制作一个个人网页

1. 实验目的

用 CSS 布局制作一个个人网页。

2. 实验效果

本实验的效果如图 4-49 所示。

图 4-49　个人网页的最终效果

3. 实验步骤

1）页面结构分析

把构思好的首页效果图分割成各个区块，如图 4-50 所示。

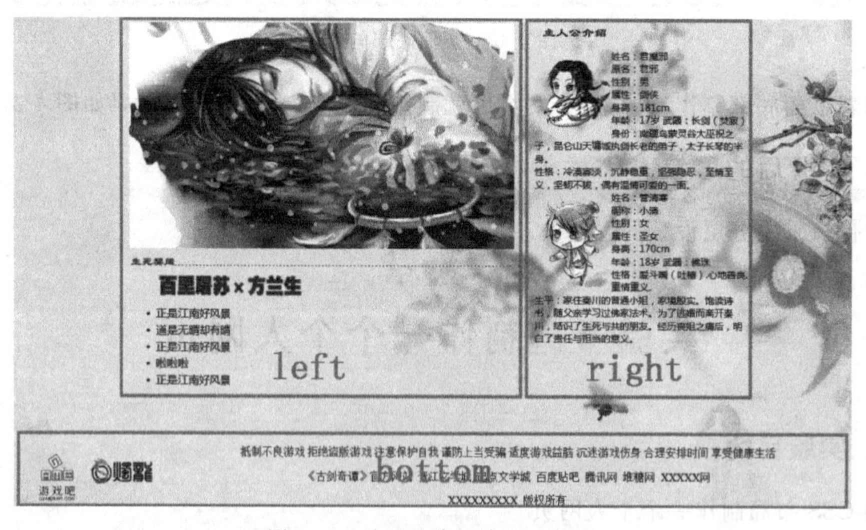

图 4-50　首页的分割效果示意图

2）建立首页的整体框架结构

(1) 新建一个 Dreamweaver CS5 空白文档，将 body 标记改为下列代码，建立整个页面的 HTML 框架。

```
<body class="body">
<div class="content">
    <div class="left"></div>
    <div class="right"></div>
</div>
<div class="bottom"></div>
</body>
```

(2) 在 head 标记中输入代码：<style type="text/css"></style>，然后在 style 标记之间输入下列的 CSS 代码，对页面设置 CSS 属性，包括对 body 标记和 container 层的属性设置，如图 4-51 所示。

```
.body{
    margin:0;
    background-image:url(picture/background_1.png);
    background-repeat: no-repeat;
    background-size:100% 100%;
}
.content{
    width:950px;
    height:572px;
    margin-left:auto;
    margin-right:auto;
    margin-top:70px;
    background-color: rgba(243, 232, 232, 0.5);
}
```

图 4-51　建立整个页面的框架

3）构建网页中部的左侧——left 部分

（1）用下面的代码替换 id 为 left 的 div，制作 left 层，如图 4-52 所示。

```
<div class="left">
    <div class="picture">
    <img src="picture/picture_1.png"></img></br>
         <div class="main">
         <div class="line">
       <img id="line" src="picture/line.png"></img>
         </div>
           <div class="main_2">
             <ul>
          <li>正是江南好风景</li>
          <li>道是无晴却有晴</li>
            <li>正是江南好风景</li>
              <li>啦啦啦</li>
              <li>正是江南好风景</li>
             </ul>
           </div>
      </div>
  </div>
</div>
```

图 4-52　制作 left 层

（2）输入下列 CSS 代码设置 left 层的属性，并设置其包含的相关层的属性，设置后的效果如图 4-53 所示。

```
.left{
    height:572px;
```

```
    float: left;
}
.left img{
    width:575px;
    height:325px;
}
.picture{
    padding-top:25px;
    padding-left:25px;
}
.main{
    float:left;
    line-height: 1.5;
    width:550px;
    font-family: 微软雅黑;
}
.line{
    margin-left: -15px;
    margin-bottom: -15px;}
#line{
    width:630px;
    height:80px;
}
.main_2 ul{
    display:block;
}
```

图 4-53 设置 left 层的属性

4）构建网页中部的右侧——right 部分

(1) 用下面的代码替换 id 为 right 的 div，制作 right 层，效果如图 4-54 所示。

```
<div class="right">
<div class="introduction">
      <img id="introduction" src="picture/introduction.png"></img>
</div>
    <div class="character_1">
       <img id="picture_2" src="picture/picture_2.png"></img>
     <span>
        姓名：君魔邪</br>原名：君邪</br>性别：男 </br>属性：剑侠 </br>身高：
     181cm</br>  年龄：17岁 武器：长剑(焚寂) </br>  身份：南疆乌蒙灵谷大巫祝之
     子，昆仑山天墉城执剑长老的弟子，太子长琴的半身。</br>性格：冷漠寡淡，沉静稳重，
     坚强隐忍，至情至义，坚韧不拔，偶有温情可爱的一面。
     </span>
    </div>
    <div class="character_2">
       <img id="picture_2" src="picture/picture_3.png"></img>
       <span>
        姓名：管清寒</br>昵称：小清 </br>性别：女</br>  属性：圣女</br>身高：
     170cm</br>年龄：18岁 武器：佛珠</br>性格：爱斗嘴(吐槽)，心地善良，重情重义。
     </br>生平：家住秦川的普通小姐，家境殷实。饱读诗书，随父亲学习过佛家法术。为了逃
     婚而离开秦川，结识了生死与共的朋友。经历丧姐之痛后，明白了责任与担当的意义。
       </span>
    </div>
    </div>
</div>
```

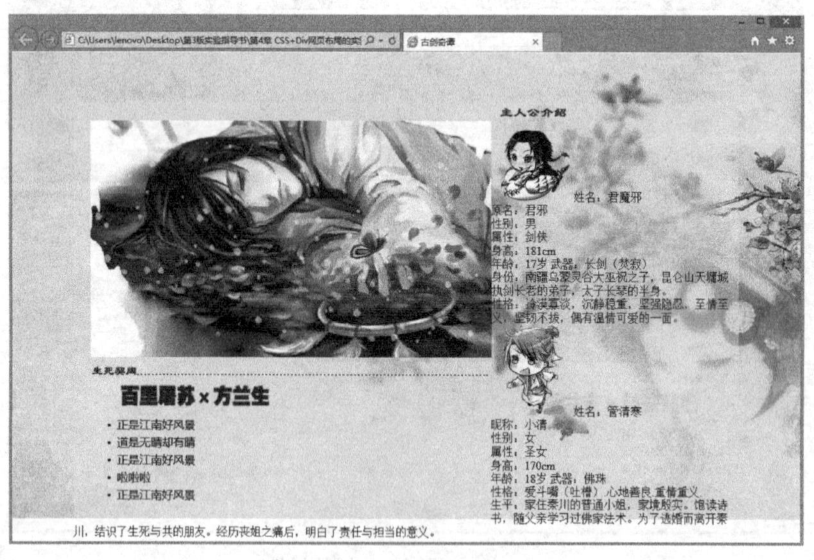

图 4-54 制作 right 层

(2) 输入下列 CSS 代码设置 right 层的属性，并设置其包含的相关层的属性，设置后的效果如图 4-55 所示，注意字体和行距的变化。

```
.right{
    width:320px;
    height:500px;
    float:right;
    position:relative;
    font-family: 微软雅黑;
    font-size:14px;
    padding-top:25px;
    padding-left:25px;
}
#picture_2{
    float: left;
    margin-top: 15px;
}
```

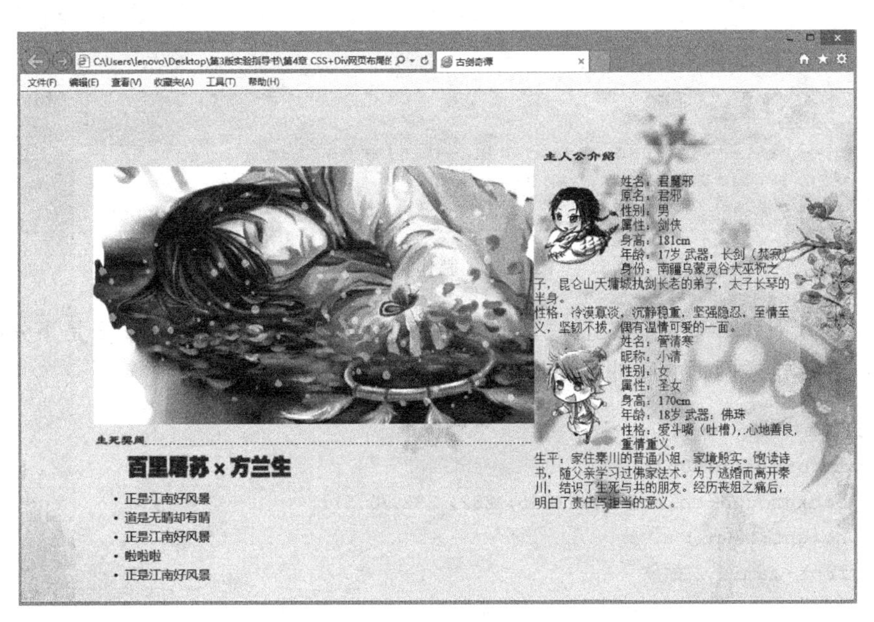

图 4-55 设置 right 层

5) 构建网页的底部——bottom 部分

(1) 用下面的代码替换 id 为 bottom 的 div，制作页面底部，如图 4-56 所示。

```
<div class="bottom">
    <div class="logo">
      <img class="logo_1" src="picture/bottom_1.png"></img>
      <img class="logo_2" src="picture/bottom_2.png"></img>
    </div>
```

```
    <div class="slogan">
        <p>抵制不良游戏  拒绝盗版游戏  注意保护自我  谨防上当受骗  适度游戏益脑
        沉迷游戏伤身  合理安排时间  享受健康生活</p>
        <span><a id="link" href="#">《古剑奇谭》官方网站</a></span> 
        <span><a id="link" href="#">晋江文学城</a></span> 
        <span><a id="link" href="#">起点文学城</a></span> 
        <span><a id="link" href="#">百度贴吧</a></span> 
        <span><a id="link" href="#">腾讯网</a></span> 
        <span><a id="link" href="#">堆糖网</a></span> 
        <span><a id="link" href="#">XXXXX网</a></span>
        <p>XXXXXXXXX   版权所有</p>
    </div>
</div>
```

图 4-56　制作页面底部

(2) 输入下列 CSS 代码设置底部的属性，其中 bottom_1 和 bottom_2 是事先准备好的 logo 图片，这样网页的底部就制作完成了，效果如图 4-57 所示。

```
.bottom{
    margin-top:40px;
    background-color: rgba(243, 232, 232, 0.5);
    height:120px;
    font-family: 微软
}
.logo_2{
    margin-left:-60px;
    }
.slogan{
    margin-top:-100px;
    margin-left:230px;
    padding:0;
    text-align:center;
}
a#link:link{
```

```
        color:black;
        text-decoration:none;
    }
    a#link:visited {
        color:black;
        text-decoration:none;
    }
    a#link:hover{
        color:black;
        text-decoration: underline;
    }
```

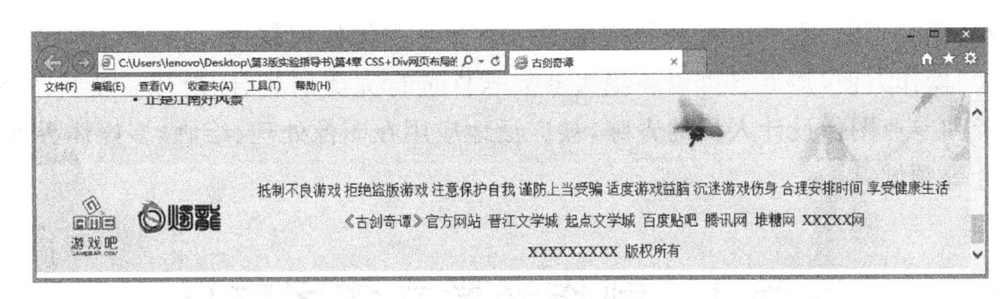

图 4-57　设置页面底部

至此整个网站首页制作完成，最终效果如图 4-49 所示。

4. 实验后的思考

在 HTML 中引入 CSS 的方法有行内式、嵌入式、链接式和导入式 4 种，本书基本上是用嵌入式方法引入 CSS 的。请针对本例试着用链接式方法引入 CSS。

第5章 Photoshop CS5 网页制作实验

Photoshop CS5 是 Adobe 公司推出的一个专业图像处理软件。由于它的界面友好、功能强大、操作方便，加上它可以和绝大多数软件进行完美的整合，所以备受广大图形设计爱好者和专业图像设计人员的青睐，被广泛地应用在图像处理、绘画、多媒体界面设计、网页设计等领域。

实验 1　制作光影立体字效果

1. 实验目的

通过对文字特效的制作，掌握 Photoshop CS5 的基本处理功能。

2. 实验效果

本实验的最终效果如图 5-1 所示。

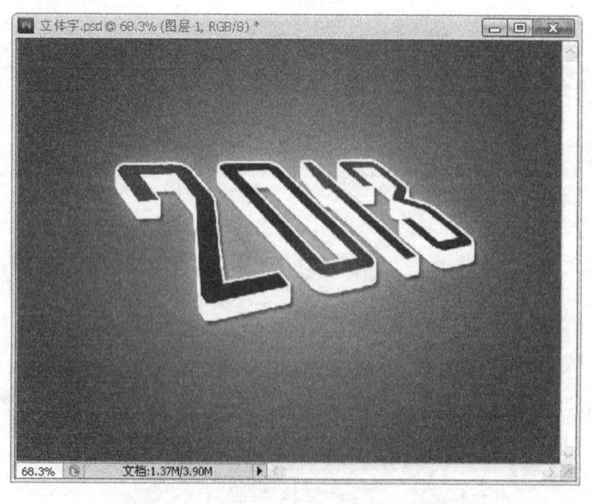

图 5-1　光影立体字的最终效果

3. 实验步骤

（1）打开 Photoshop CS5，选择“文件”|“新建”菜单命令，新建一个 RGB 图像，将宽度设为 800 像素，高度设为 600 像素，背景内容设为“白色”，如图 5-2 所示。

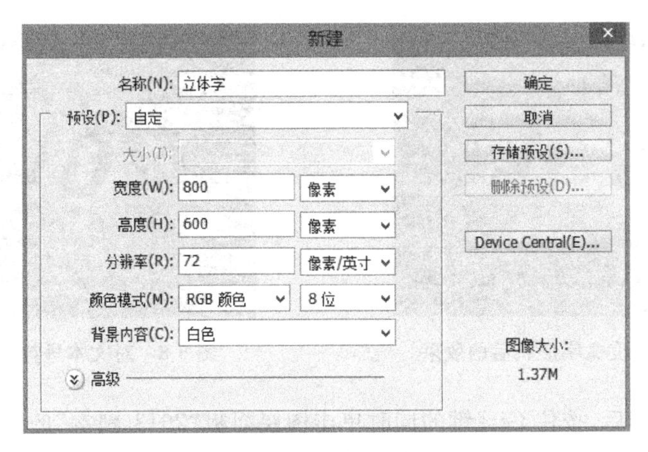

图 5-2 “新建”对话框

（2）在工具箱中选择“渐变工具”，在工具选项栏设置青色到蓝色的渐变，并选择“径向渐变”，如图 5-3 所示。在画布中按住鼠标左键从中间向右下方拉动鼠标，填充渐变颜色。

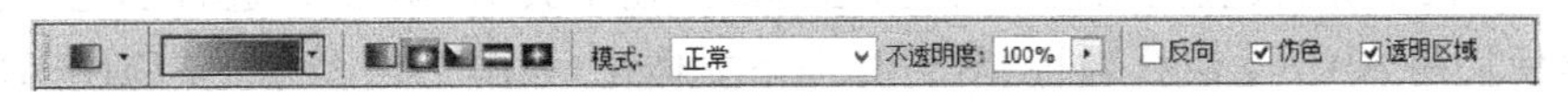

图 5-3 设置“渐变工具”的工具选项栏

（3）在工具箱中选择“文字工具”，在字体选项栏选择 Brush Script Std，大小设为 260，设置消除锯齿的方法选择“平滑”，对齐方式为左对齐，字体颜色为白色，如图 5-4 所示，输入文本 2014，选择移动工具，将文字移到画布中央，效果如图 5-5 所示。

图 5-4 设置“文字工具”的工具选项栏

（4）复制文字图层，得到图层“2014 副本”，右击该图层，在快捷菜单中选择“栅格化文字”，然后单击“图层 2013”前面的👁隐藏该图层，图层面板如图 5-6 所示。

图 5-5 输入文字 2014

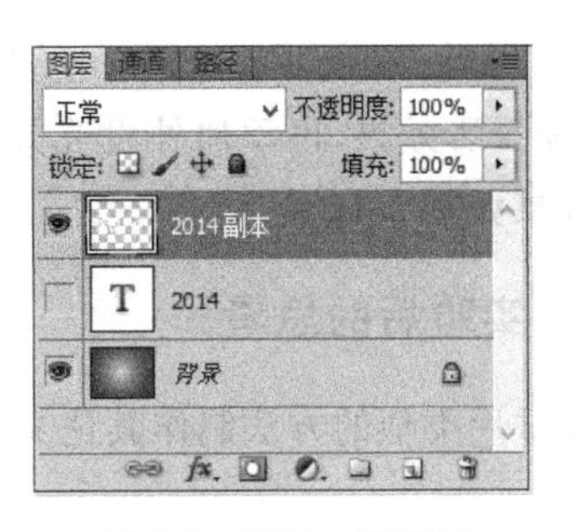

图 5-6 复制文字图层

(5) 选择“编辑”|“变换”|“扭曲”菜单命令和“编辑”|“变换”|“斜切”菜单命令改变文字形状，如图 5-7 所示，然后按 Enter 键取消编辑状态。

(6) 选择“魔棒工具”对单个文字进行选择，然后选择“渐变工具”，设置工具选项栏为蓝色渐变，选择“线性渐变”，对每个文字进行渐变填充，填充效果如图 5-8 所示。

图 5-7 改变文字形状后的效果

图 5-8 对文本进行渐变填充

(7) 填充完毕后，按住 Ctrl 键的同时单击图层面板“2013 副本”的缩略图，载入选区；然后选择“选择”|“修改”|“扩展”菜单命令，弹出“扩展选区”对话框，将“扩展量”设置为 3，如图 5-9 所示。

(8) 单击“创建新图层”按钮，新建“图层 1”，用鼠标拖动“图层 1”将其置于“2014 副本”的下方，设置前景色为白色，选择油漆桶工具对“图层 1”进行填充；选择移动工具，然后使用 Alt+↓组合键将“图层 1”向下立体化，如图 5-10 所示，按 Ctrl+D 组合键取消选区。

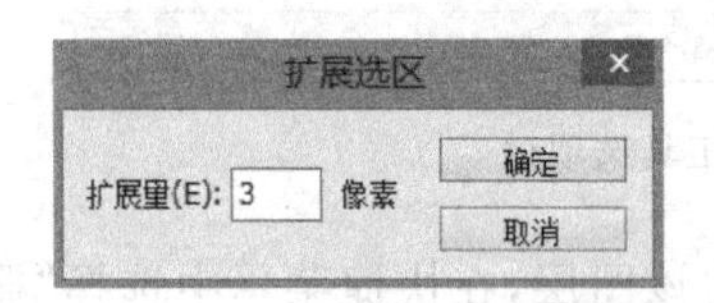

图 5-9 “扩展选区”对话框

图 5-10 立体化文本后的效果

(9) 选中“图层 1”，选择“图层”|“图层样式”|“投影”菜单命令，弹出“图层样式”对话框，添加投影效果，再添加外发光效果，设置如图 5-11 所示，设置完毕单击“确定”按钮。最终效果如图 5-12 所示。

4. 实验后的思考

尝试用类似的方法制作其他文字效果，例如火焰字、浮雕字、发光字等。

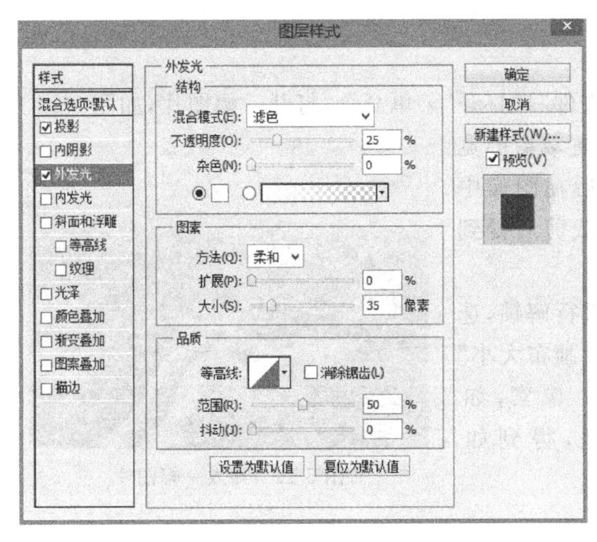

图 5-11　设置投影和外发光效果

图 5-12　添加了投影和外发光效果的文本

实验 2　制作逼真的邮票效果

1. 实验目的

利用 Photoshop CS5 制作一个逼真的邮票效果。

2. 实验效果

本实验的最终效果如图 5-13 所示。

图 5-13　邮票效果

3. 实验步骤

(1) 打开 Photoshop CS5,选择“文件”|“打开”菜单命令,打开一幅图片,如图 5-14 所示;选择裁剪工具,在工具选项栏中设置裁剪的宽度和高度分别为 600px 和 400px,然后在图像中拖动鼠标进行裁剪,如图 5-15 所示;裁剪后得到的图片如图 5-16 所示。

图 5-14 导入一幅图片

(2) 双击图层面板中的“图层 0”进行解锁,选择“图像”|“画布大小”菜单命令,弹出“画布大小”对话框,将宽度和高度分别增加 30 像素,如图 5-17 所示,然后单击“确定”按钮,得到如图 5-18 所示的效果。

图 5-15 裁剪图片

图 5-16 裁剪后得到的图片

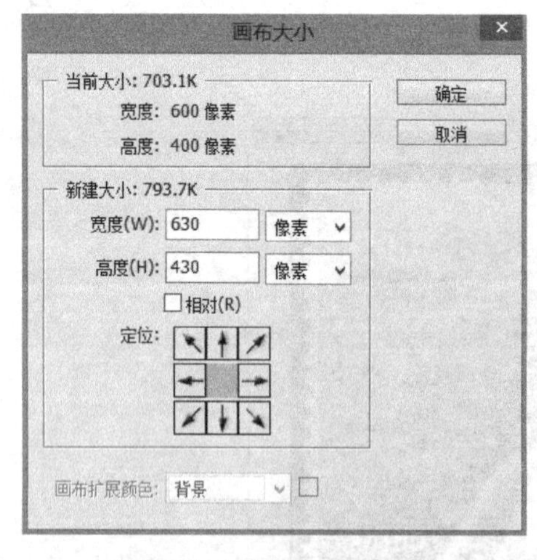

图 5-17 “画布大小”对话框

图 5-18 增加了宽和高后的效果

(3) 按住 Ctrl 键,同时用鼠标单击“图层 0”的缩略图,将图片载入选区,然后选择“选择”|“反向”菜单命令进行反选;设置背景色为白色,使用油漆桶工具对选区进行填充,选择“选择”|“取消选择”菜单命令取消选区,然后选择“选择”|“全部”菜单命令全选画布,

如图 5-19 所示。

(4) 选择“窗口”|“路径”菜单命令，打开“路径”面板，单击下部的“从选区生成工作路径”按钮，新建一个工作路径，如图 5-20 所示。在工具箱中选择橡皮擦工具，选择“窗口”|“画笔”菜单命令，打开“画笔”对话框，设置大小为 15px，硬度为 100%，间距为 150%，如图 5-21 所示。

图 5-19 全选画布

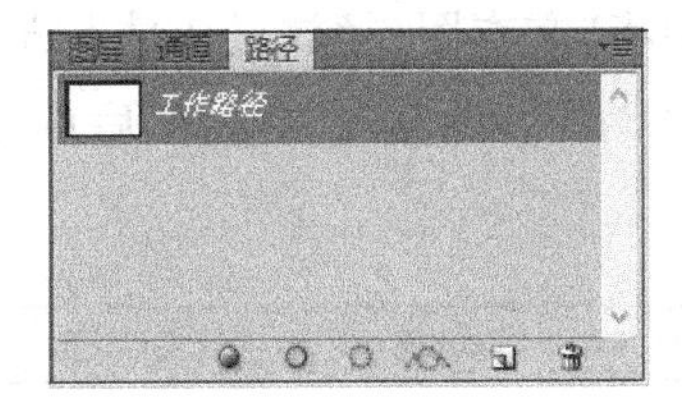

图 5-20 新建一个工作路径

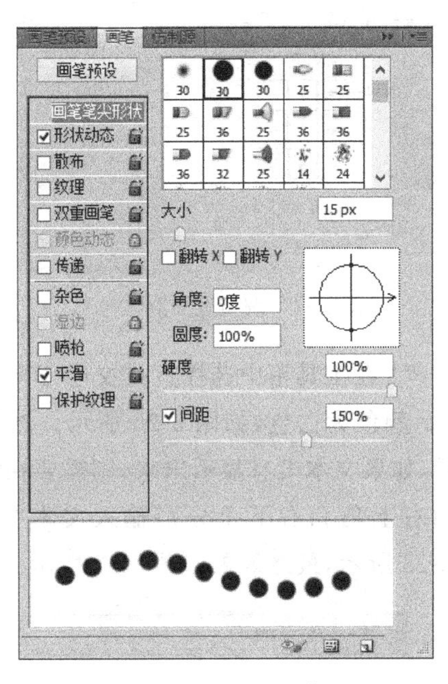

图 5-21 设置“画笔”

(5) 单击“路径”面板的“用画笔描边路径”按钮，图像效果如图 5-22 所示。

(6) 回到“图层”面板，新建“图层 1”并且将其置于“图层 0”下方，如图 5-23 所示。选择“图像”|“画布大小”菜单命令，将画布的宽度和高度分别再增加 30 像素，如图 5-24 所示。然后设置前景色为黑色，选择油漆桶工具将“图层 1”填充为黑色，在“路径”面板中取消选中工作路径后的效果如图 5-25 所示。

图 5-22 用画笔描边后的效果

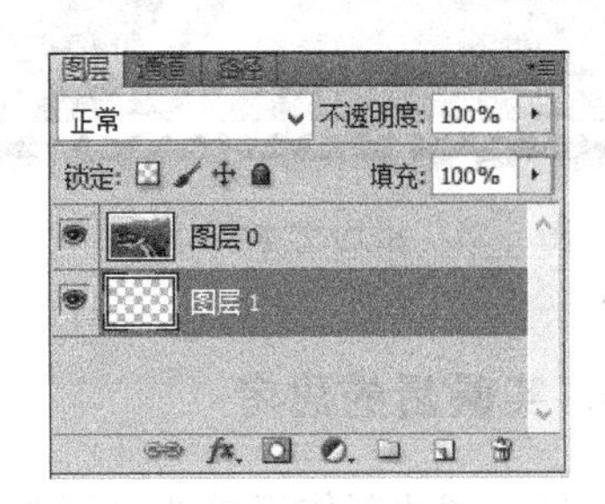

图 5-23 新建的“图层 1”

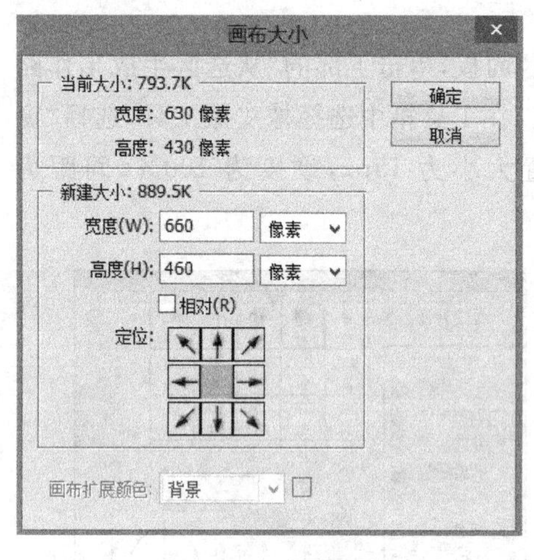

图 5-24　调整宽和高

图 5-25　填充宽和高后的效果

(7) 在工具箱中选择直排文字工具，在文字的工具选项栏中设置字体为宋体，大小为 30，颜色为白色，如图 5-26 所示。然后在画布左下角输入文本“中国邮政”，如图 5-27 所示，如果文本没有显示出来，则需要在“图层”面板中将“文本图层”放置在最上方。在画布的右上角和右下角分别输入文本“80 分”及“CHINA”，调整文本大小后的效果如图 5-28 所示，最终效果如图 5-13 所示。

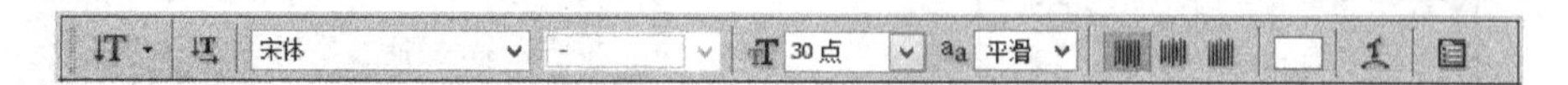

图 5-26　文字的工具选项栏设置

图 5-27　添加文本“中国邮政”

图 5-28　添加文本“80 分”及“CHINA”

4. 实验后的思考

如何给图片制作不同的边框效果？

实验 3　制作水中倒影效果

1. 实验目的

应用 Photoshop CS5 制作水中倒影效果。

2. 实验效果

本实验的最终效果如图 5-29 所示。

图 5-29　倒影效果

3. 实验步骤

(1) 打开 Photoshop CS5 ，选择“文件”|“打开”菜单命令，打开一幅图像，在图层面板双击背景图层解锁，得到“图层 0”；选择“图像”|“画布大小”菜单命令，弹出“画布大小”对话框，将画布高度增加 150 像素，如图 5-30 所示，然后单击“确定”按钮。选择移动工具，将图片移至画布顶部，如图 5-31 所示。

(2) 选中“图层 0”，右击，在快捷菜单中选择“复制图层”，得到“图层 0 副本”，然后选择“编辑”|“变换”|“垂直翻转”菜单命令，翻转“图层 0 副本”，选择“移动工具”将“图层 0 副本”向下移动，使两个图层的边缘重合，并选择“编辑”|“变换”|“缩放”菜单命令，调整“图层 0 副本”的高度，调整完后按 Enter 键确定变换，如图 5-32 所示。

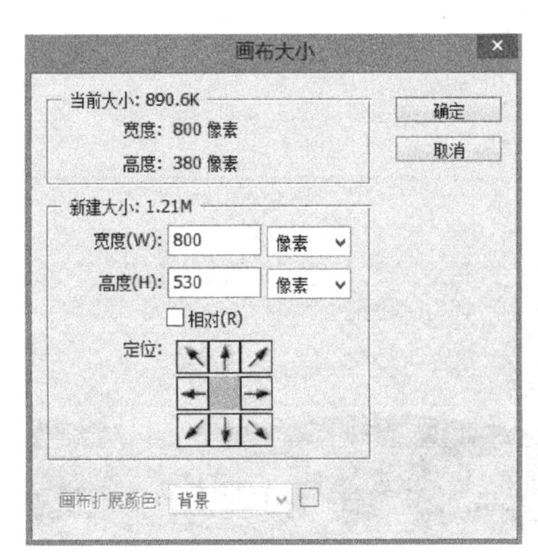

图 5-30　“画布大小”对话框

图 5-31　将图片移至画布顶部后的效果

图 5-32　翻转并调整图片

(3) 在图层面板中选中“图层 0”，选择多边形套索工具，在“图层 0”的湖面上绘制选区，如图 5-33 所示。按 Ctrl＋C 组合键和 Ctrl＋V 组合键复制和粘贴选区，得到“图层 1”，在图层面板中按住 Ctrl 键，选中“图层 0 副本”和“图层 1”，右击，在快捷菜单中选择“合并图层”，得到新的“图层 0 副本”，单击“图层 0”前面的隐藏“图层 0”，观察合并后的效果，如图 5-34 所示。

图 5-33　绘制选区

(4) 单击“图层 0”前面的显示“图层 0”，选中“图层 0 副本”，选择“滤镜”|“扭曲”|“波纹”菜单命令，在弹出的“波纹”对话框中将“数量”设为 235，如图 5-35 所示。对“图层 0 副本”继续选择“滤镜”|“模糊”|“动感模糊”菜单命令，在弹出的“动感模糊”对话框中将“角度”设为 90，“距离”设为 15，如图 5-36 所示。对“图层 0 副本”选择“滤镜”|“模糊”|“高斯模糊”菜单命令，在弹出的“高斯模糊”对话框中将“半径”设为 3.0，如图 5-37 所示。

图 5-34　合并图层后的效果

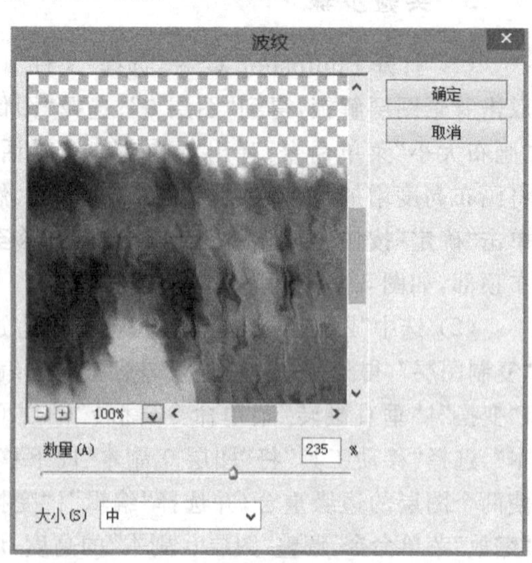

图 5-35　“波纹”对话框

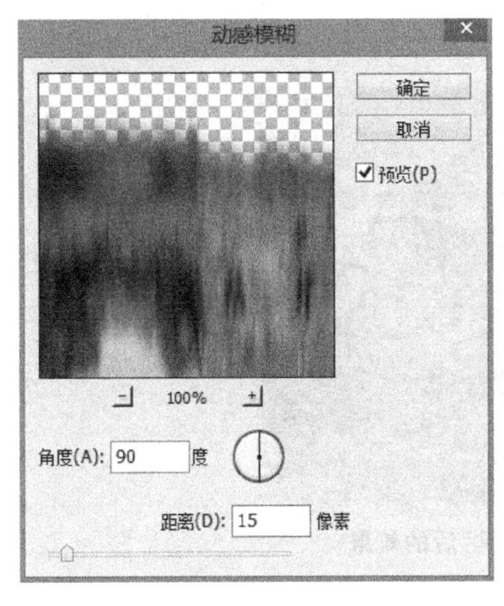

图 5-36 “动感模糊”对话框

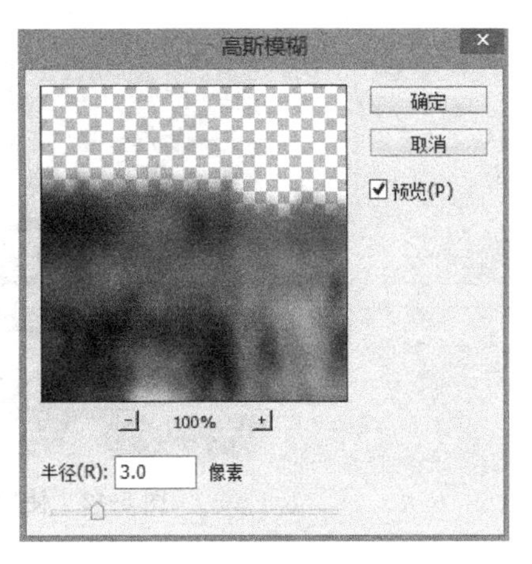

图 5-37 “高斯模糊”对话框

(5) 在工具箱中选择椭圆选框工具,在“图层 0 副本”的适当位置绘制一个椭圆,选择“选择”|“修改”|“羽化”菜单命令,在弹出的“羽化选区”对话框中将“羽化半径”设为 40,如图 5-38 所示,得到的效果如图 5-39 所示。选择“滤镜”|“扭曲”|“水波”菜单命令,在弹出的“水波”对话框中将“数量”设为 17,“起伏”设为 15,如图 5-40 所示。

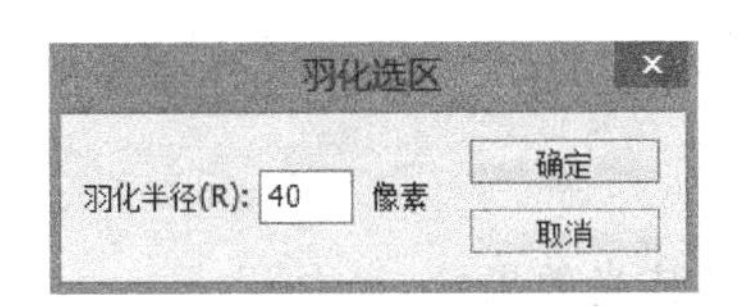

图 5-38 “羽化选区”对话框

图 5-39 羽化选区

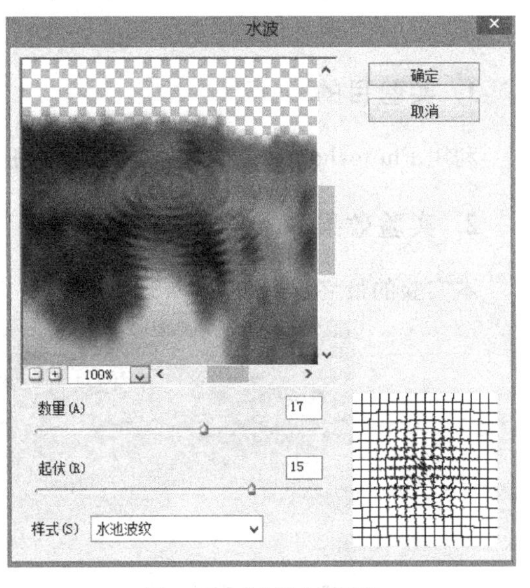

图 5-40 “水波”对话框

(6) 通过使用工具箱中的“移动工具”移动上下两个图层,消除中间的缝隙,再在工具箱中选择“模糊工具”,它的工具选项栏的设置如图 5-41 所示。用“模糊工具”在“图层 0”的衔接处进行涂抹,以模糊边缘,使两个图层的衔接更加自然,效果如图 5-42 所示。最

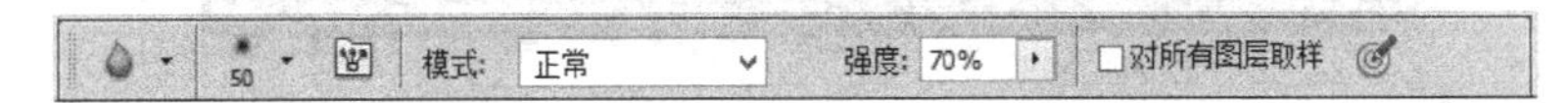

图 5-41 “模糊工具”的工具选项栏设置

终的倒影效果如图 5-29 所示。

图 5-42　使用“模糊工具”后的效果

4. 实验后的思考

本实验中，羽化选区的作用是什么？进一步熟悉羽化功能。

实验 4　制作绚丽的圆形眩光效果

1. 实验目的

利用 Photoshop CS5 的滤镜功能制作绚丽的圆形眩光效果。

2. 实验效果

本实验的最终效果如图 5-43 所示。

图 5-43　眩光效果

3. 实验步骤

(1) 打开 Photoshop CS5，选择“文件”|“新建”菜单命令，新建一个 RGB 图像，将宽度设为 500 像素，高度设为 500 像素，背景内容设为白色。单击工具箱中的 ，重置前景色为默认的黑色，按 Alt+Delete 组合键将画布填充为前景色黑色。

(2) 选择“滤镜”|“渲染”|“镜头光晕”菜单命令，弹出“镜头光晕”对话框，用鼠标将光源点移到左上角，镜头类型选择“电影镜头”，如图 5-44 所示，画布效果如图 5-45 所示。

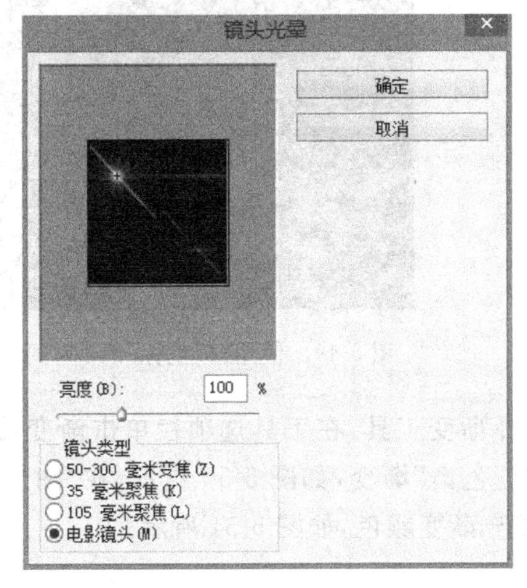

图 5-44 “镜头光晕”对话框

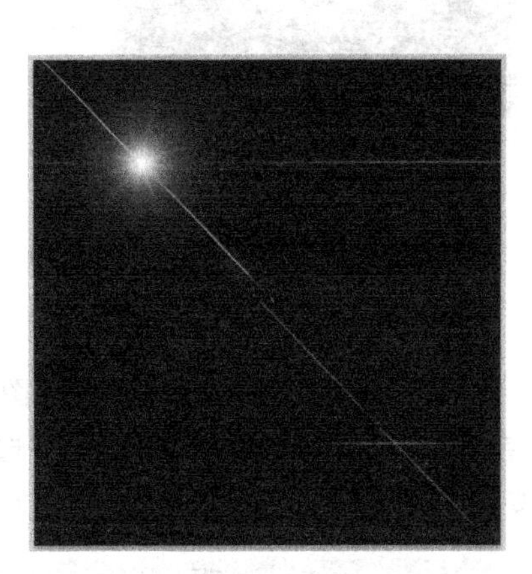

图 5-45 第一次“镜头光晕”后的效果

(3) 继续两次选择“滤镜”|“渲染”|“镜头光晕”菜单命令，弹出“镜头光晕”对话框，镜头类型选择“电影镜头”，分别用鼠标将光源点移到中间和右下角，如图 5-46 所示，画布效果如图 5-47 所示。

图 5-46 “镜头光晕”对话框

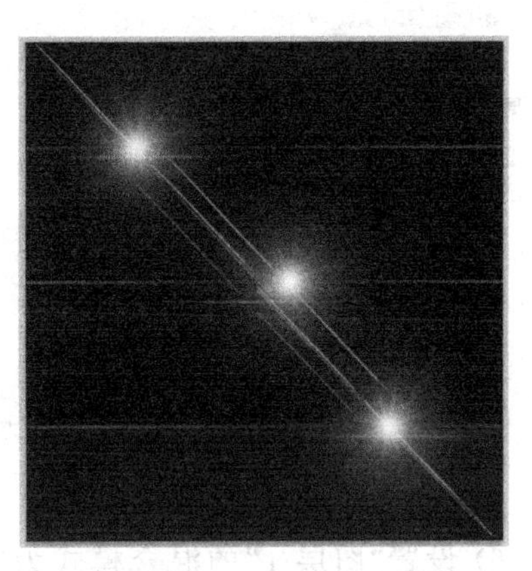

图 5-47 第三次“镜头光晕”后的效果

(4) 选择“滤镜”|“扭曲”|“极坐标”菜单命令，弹出“极坐标”对话框，选择“平面坐标到极坐标”，如图 5-48 所示，然后单击“确定”按钮，画布效果如图 5-49 所示。

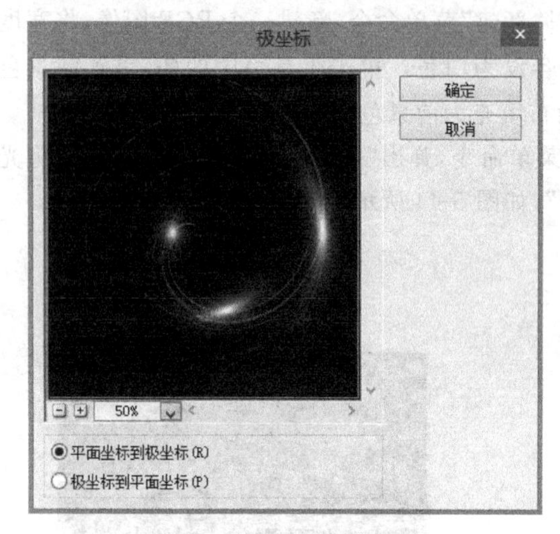

图 5-48 “极坐标”对话框

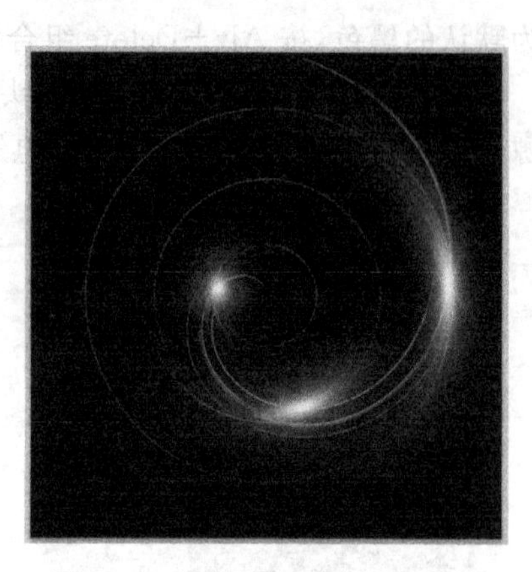

图 5-49 使用“极坐标”后的效果

(5) 在“图层”面板中新建一个“图层 1”，选择渐变工具，在工具选项栏单击渐变编辑器，在“渐变编辑器”对话框的“预设”选框中选择“色谱”渐变，如图 5-50 所示，在“图层 1”中按住鼠标左键从左上角向右下角拉动鼠标，填充渐变颜色，如图 5-51 所示。

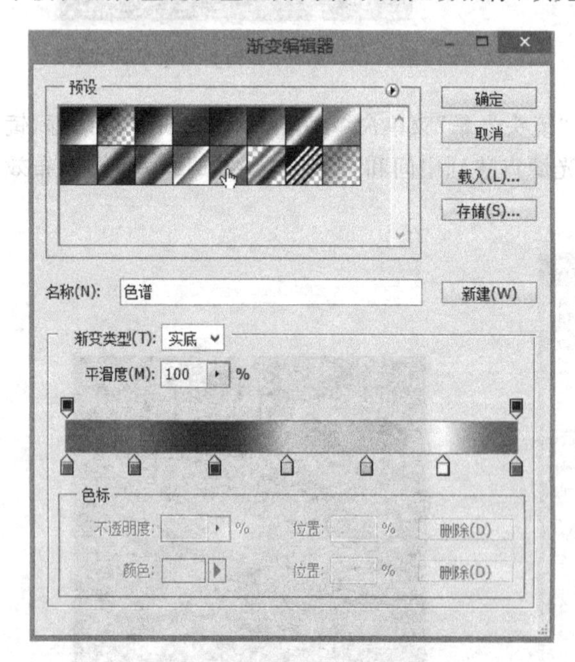

图 5-50 “渐变编辑器”对话框

图 5-51 “色谱”渐变的效果

(6) 设置“图层 1”的混合模式为“颜色”，如图 5-52 所示；圆形眩光效果如图 5-53 所示。

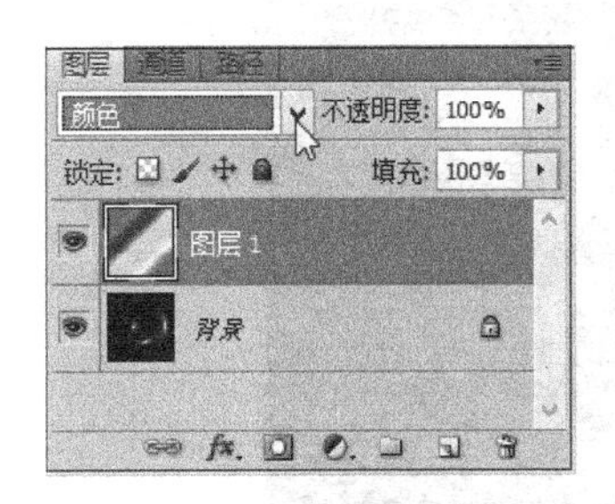

图 5-52　设置混合模式为“颜色”

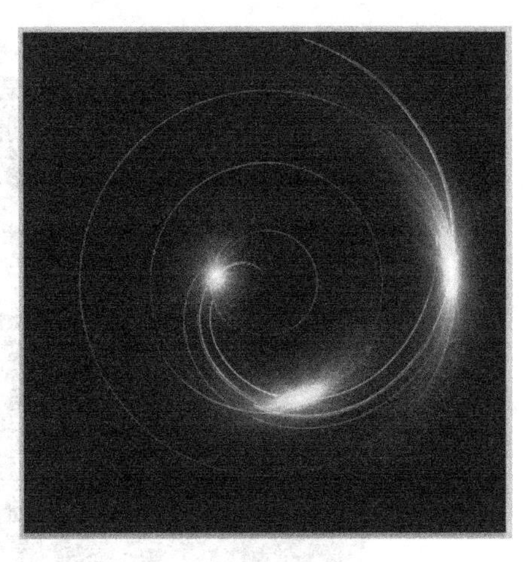

图 5-53　“颜色”混合模式后的效果

(7) 按住 Ctrl 键选中“图层 1”和“背景”图层，右击，在快捷菜单中选择“合并图层”。在 Photoshop CS5 中打开另一幅风景图，如图 5-54 所示，将合并后的“背景”图层拖入新打开的图片中，调整位置如图 5-55 所示，设置“背景”图层的混合模式为“滤色”，得到的效果如图 5-56 所示；最终效果如图 5-43 所示。

图 5-54　打开一幅图片

4. 实验后的思考

滤镜是 Photoshop 中很重要的一种功能，通过一些例子进一步掌握滤镜的使用。

图 5-55　将眩光背景拖入

图 5-56　混合模式设为"滤色"后的效果

实验 5　使用滤镜抽出功能抠图

1. 实验目的

抠图是 Photoshop 中非常重要的一种功能和常见的操作，常用的抠图方法有套索、滤镜、魔术棒、路径、通道、色彩范围法、蒙版和快速蒙版抠图等，本实验介绍的是应用 Photoshop CS5 的滤镜抽出功能进行抠图。（注：Photoshop CS5 中没有自带抽出滤镜，需要下载抽出滤镜 ExtractPlus.8bf，然后将其复制到 Photoshop 安装目录下的 Plug-ins\Filters 文件夹中，重新启动 Photoshop CS5 即可。）

2. 实验效果

本实验的最终效果如图 5-57 所示。

图 5-57　最终效果

3. 实验步骤

(1) 在 Photoshop CS5 中打开一张需要抠图的图片，如图 5-58 所示，在图层面板中双击该图层进行解锁。

图 5-58　打开需要抠的图

(2) 选择“滤镜”|“抽出”菜单命令，弹出“抽出”对话框，如图 5-59 所示。选择左边的边缘高光器工具，将需要抠图的区域围起来，可以利用右边的“画笔大小”选项来调整

边缘高光器工具的笔触的粗细。再选择“填充工具”将需要保留的部分填充，如图 5-60 所示。

图 5-59 “抽出”对话框

图 5-60 将需要抠图的区域围起来

(3) 单击“预览”按钮查看抠出部分的效果，然后按住 Ctrl+空格组合键，单击将图片放大，使用左边的清除工具和边缘修饰工具对抠出的部分进行精修，如图 5-61 所示。修改完毕后按 Ctrl+Alt+空格组合键，单击缩小图片查看效果，如图 5-62 所示。然后单击“确定”按钮就完成了抠图，如图 5-63 所示。

图 5-61　对抠出部分进行放大精修

图 5-62　查看整体效果

图 5-63　完成抠图

(4) 打开一张背景图片，如图 5-64 所示，将抠出的图拖到背景图片上，再选择“编辑”|“变换”|“缩放”菜单命令，调整抠出图的大小并将抠出的图移动到合适的位置，然后将画布放大，选择工具箱中的模糊工具，对汽车轮胎位置进行涂抹，使其与背景更好地融合，如图 5-65 所示。

图 5-64　打开一张背景图片

图 5-65　对汽车轮胎模糊处理

(5) 在“图层”面板中选中“汽车”图层，按 Ctrl+J 组合键复制该图层，得到汽车图层的副本，按住 Ctrl 键，同时单击副本图层的缩略图，载入选区，设置前景色为黑色，按 Alt+Delete 组合键将选区填充为黑色，如图 5-66 所示；设置透明度为 60%，将该图层拖放至汽车图层下方，选择“编辑”|“变换”|“缩放”和“斜切”菜单命令，对副本图层进行变形操作，为汽车添加阴影，效果如图 5-67 所示。最终效果如图 5-57 所示。

图 5-66　将选区填充为黑色

图 5-67　为汽车添加阴影

4. 实验后的思考

找一张自己的照片，试着用不同的抠图方法将照片中的人物抠出来，再给它换一个背景。

实验6　使用魔棒及调整边缘功能抠图

1. 实验目的

应用 Photoshop CS5 的魔棒及调整边缘功能抠图。

2. 实验效果

本实验的最终效果如图 5-68 所示。

图 5-68　最终效果

3. 实验步骤

(1) 打开 Photoshop CS5，选择"文件"|"打开"菜单命令，打开"小狗"图片，选择魔棒工具，在工具选项栏中设置容差为 35，如图 5-69 所示。按住 Shift 键，同时在图片的绿色草地处单击，选取绿色草地，如图 5-70 所示。选择"选择"|"反向"菜单命令，对选区进行反选，如图 5-71 所示。

图 5-69　魔棒工具工具选项栏的设置

(2) 单击工具选项栏的"调整边缘"按钮，弹出"调整边缘"对话框，如图 5-72 所示。单击"视图"下拉列表可以换背景查看图片抠出的效果，此时会发现小狗毛发边缘带有浓

图 5-70　选中草地

图 5-71　反选“狗”

重的绿色，如图 5-73 所示。

(3) 在“调整边缘”对话框中勾选“智能半径”选项，设置半径为 45.0 像素，勾选“净化颜色”选项，设置数量为 100%，如图 5-74 所示，查看不同视图下图像的抠出效果，如图 5-75 所

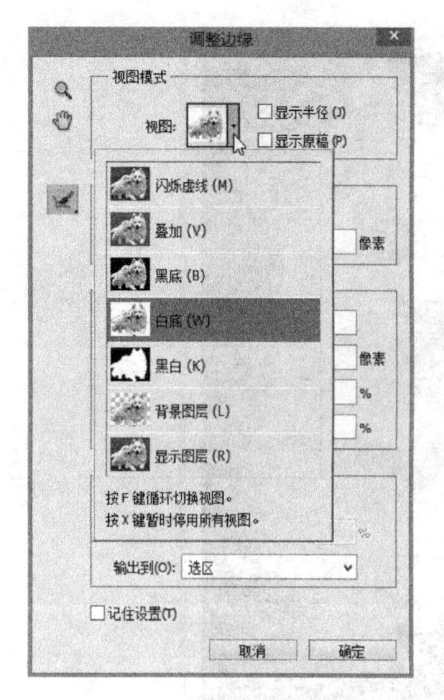

图 5-72 “调整边缘”对话框

图 5-73 毛发边缘有绿色

示,然后单击“确定”按钮,“图层”面板生成带蒙版的“背景 副本”图层,如图 5-76 所示,此时原图像如图 5-77 所示。

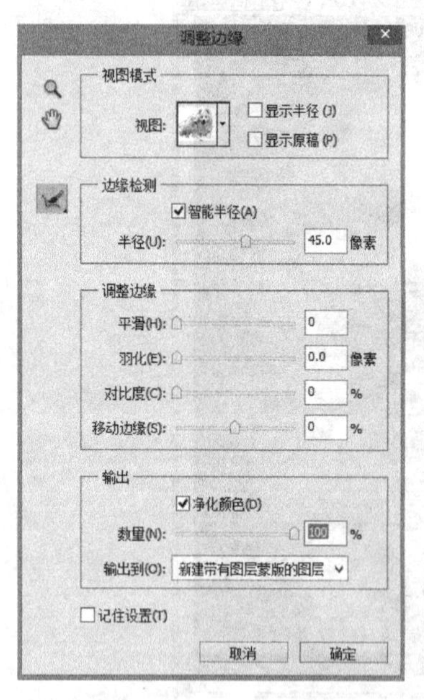

图 5-74 “调整边缘”的设置

图 5-75 设置“调整边缘”的效果

(4) 打开另外一幅背景图片,如图 5-78 所示。选择“移动工具”,将“背景 副本”图层拖动到打开的背景图片中,按 Ctrl+T 组合键调整图像大小,得到合成的图像效果,如图 5-79 所示。最后的效果如图 5-68 所示。

图 5-76　生成带蒙版的“背景 副本”图层

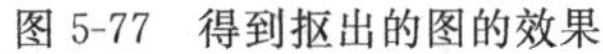

图 5-77　得到抠出的图的效果

图 5-78　导入一幅图片

图 5-79　合成“小狗”的效果

4. 实验后的思考

试着给照片换换背景,关键步骤有哪些?

实验 7　制作个性化的按钮效果

1. 实验目的

应用 Photoshop CS5 制作一个个性化的按钮。

2. 实验效果

本实验的最终效果如图 5-80 所示。

图 5-80　按钮的最终效果

3. 实验步骤

(1) 打开 Photoshop CS5，新建一个 500×500 的 RGB 文件，背景内容设为白色，设置前景色为灰色，按 Alt+Delete 组合键将画布填充为灰色，在应用程序栏单击功能按钮，显示参考线和标尺，绘制参考线，如图 5-81 所示。

(2) 选择椭圆工具，设置颜色为白色，按住 Shift 键同时按住鼠标左键在画布中绘制正圆，然后选择“编辑”|“变换”|“缩放”菜单命令进行变换，如图 5-82 所示。

图 5-81　绘制参考线

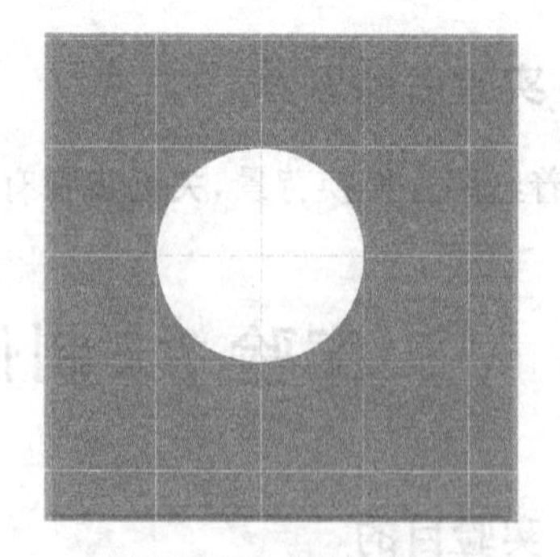
图 5-82　绘制正圆

(3) 选择“圆角矩形工具”，设置工具选项栏半径为 20px，如图 5-83 所示；在画布中绘制圆角矩形，如图 5-84 所示。在应用程序栏单击功能按钮，隐藏参考线得到如图 5-85 所示效果。

(4) 在“图层”面板选中“形状 1”和“形状 2”，右击，在快捷菜单中选择“合并图层”，得到新的“图层 2”，如图 5-86 所示。

图 5-83　“圆角矩形工具”工具选项栏的设置

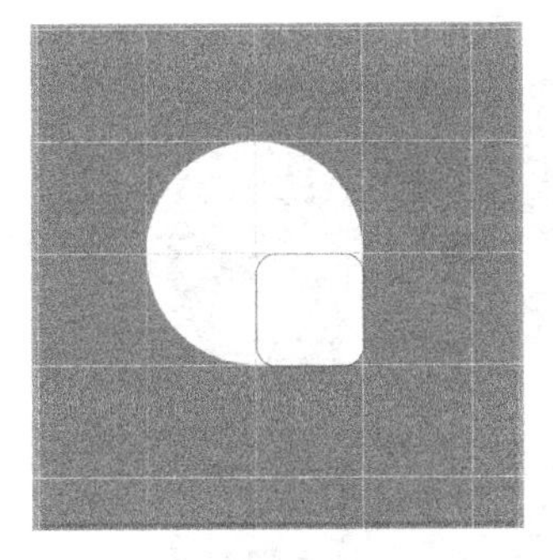

图 5-84　绘制圆角矩形

图 5-85　隐藏参考线

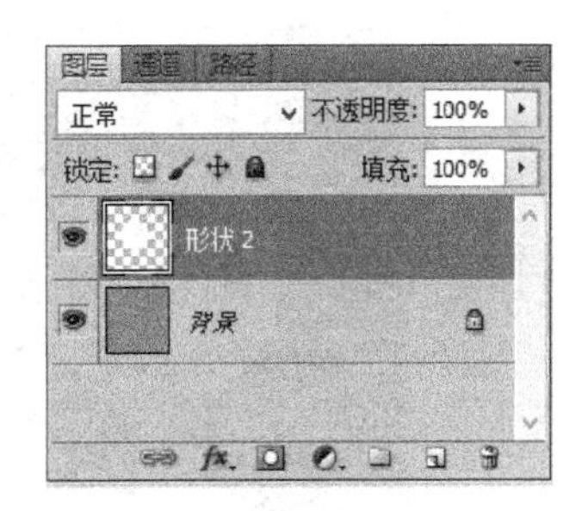

图 5-86　合并图层

(5) 显示参考线，按 Ctrl+T 组合键对“形状 2”进行顺时针 45°旋转，如图 5-87 所示，按 Enter 键取消编辑状态。再次绘制参考线，选择“椭圆选框工具”，沿参考线绘制外围选区，然后按住 Alt 键沿参考线减去内部选区得到同心圆选区，如图 5-88 所示。

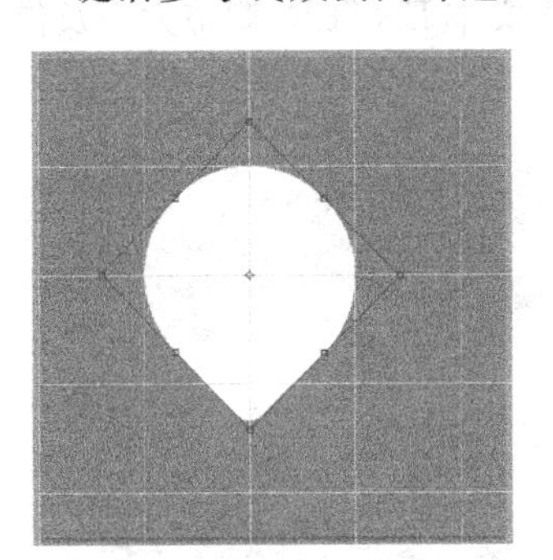

图 5-87　旋转图形

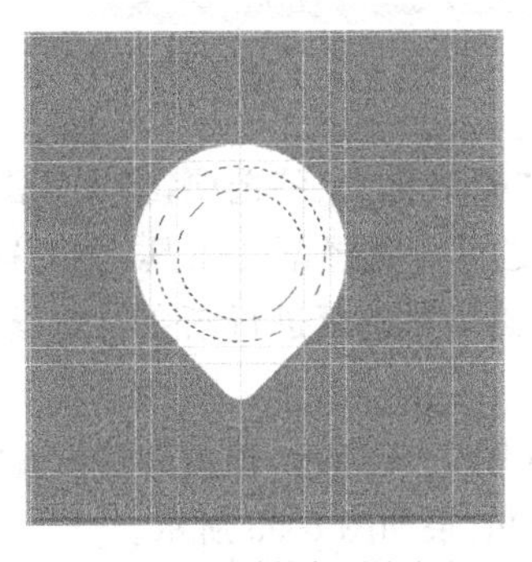

图 5-88　绘制同心圆选区

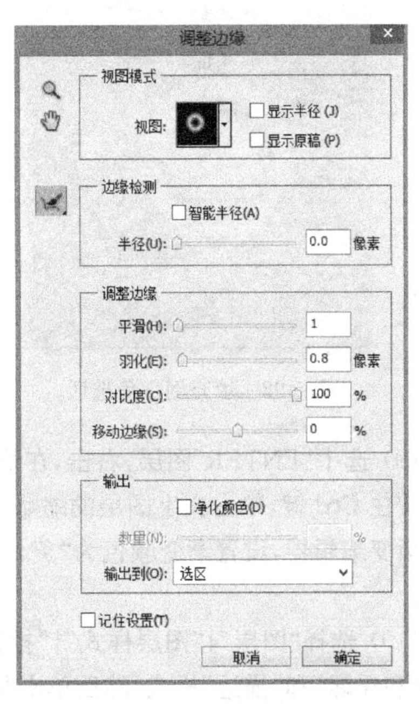

图 5-89　“调整边缘”对话框

(6) 隐藏参考线，单击工具选项栏上的“调整边缘”按钮，弹出“调整边缘”对话框，设置平滑为 1，羽化为 0.8，对比度设为 100%，如图 5-89 所示，然后单击“确定”按钮。新建“图层 1”，选择“渐变工具”，设置渐变色为“色谱”，然后在“图层 1”上按住鼠标左键从左上角向右下角拖动鼠标，对同心圆选区进行彩色渐变填充。按 Ctrl＋D 组合键取消选区，按 Ctrl＋T 组合键对“图层 1”的彩色同心圆进行缩放，得到如图 5-90 所示的效果。

(7) 在“图层”面板中新建一个“图层 2”，选择多边形套索工具，在图像下方绘制倒三角形选区，如图 5-91 所示。

图 5-90　对同心圆进行填充

图 5-91　绘制倒三角形选区

(8) 设置前景色为红色，选择油漆桶工具对刚刚绘制的三角形选区进行填充，得到如图 5-92 所示的效果。选择横排文字工具，在图像中间输入文本 ENTER，调整大小及位置，如图 5-93 所示。

图 5-92　填充倒三角选区

图 5-93　输入文本

(9) 选中“ENTER”图层，右击，在快捷菜单中选择“栅格化文字”选项，将文字图层栅格化。按住 Ctrl 键，单击文字图层的缩略图，将文字载入选区。选择渐变工具，在工具选项栏单击渐变编辑器，设置渐变颜色为“黄，紫，橙，蓝渐变”，然后对选区进行渐变填充，然后取消选择。

(10) 选择“图层”|“图层样式”|“投影”菜单命令，如图 5-94 所示，根据需要设置“投影”、“斜面和浮雕”和“描边”样式，然后单击“确定”按钮，得到效果如图 5-95 所示。

(11) 选中“图层 1”，选择“图层”|“图层样式”|“斜面和浮雕”菜单命令，为彩色圆环设置“斜面和浮雕”样式；选中“形状 2”图层，选择“图层”|“图层样式”|“外发光”菜单命令，为按钮外形设置“外发光”、“内发光”、“斜面和浮雕”样式，然后单击“确定”按钮，得到的效果如图 5-96 所示。最终效果如图 5-80 所示。

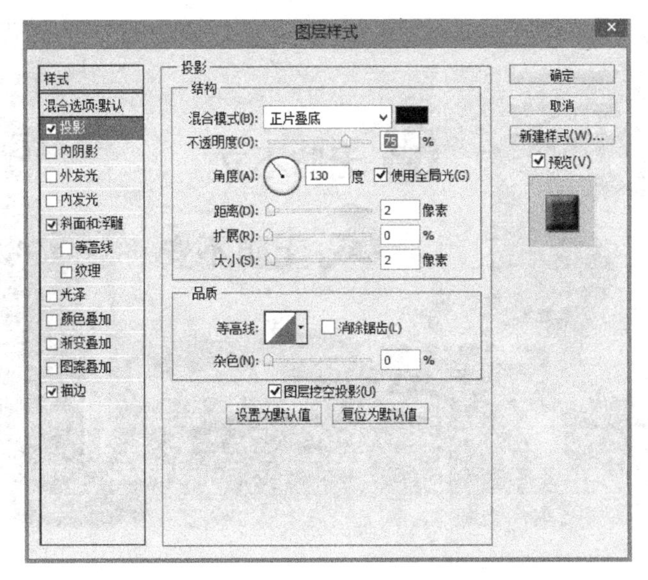

图 5-94　为文本添加样式

图 5-95　给文本添加样式后的效果

图 5-96　为圆环和外形添加样式后的效果

4. 实验后的思考

如何利用形状工具和选区工具绘制形状及选区，然后设置图层样式达到理想的效果？

实验 8　制作一张宣传海报

1. 实验目的

应用 Photoshop CS5 制作一张宣传海报。

2. 实验效果

本实验的最终效果如图 5-97 所示。

图 5-97　海报的最终效果

3. 实验步骤

(1) 打开 Photoshop CS5,新建一个文件,设置“名称”为“宣传海报”,其他设置如图 5-98 所示。

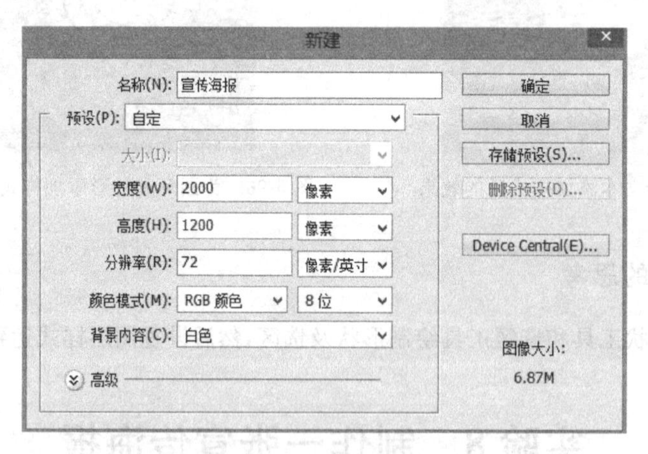

图 5-98　“新建”对话框

(2) 打开素材图片“仪仗队”,选择魔棒工具,设置容差为 32,按住 Shift 键,在空白处单击选取蓝天白云,局部可按 Ctrl+Alt+空格组合键将其放大处理,选区效果如图 5-99 所示。选择“选择”|“反向”菜单命令将选区反选,然后单击工具选项栏的“调整边缘”按钮,弹出“调整边缘”对话框,勾选“智能半径”和“净化颜色”复选框,设置半径为 0.1,净化颜色数量为 88%,如图 5-100 所示,然后单击“确定”按钮,得到如图 5-101 所示的效果。“图层”面板如图 5-102 所示。

图 5-99　选取蓝天白云

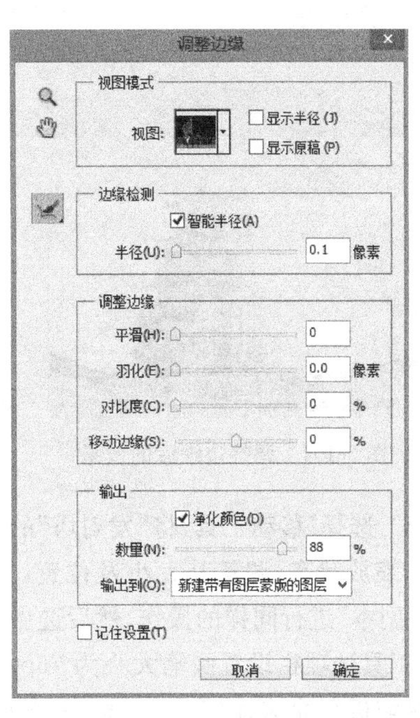

图 5-100　“调整边缘”对话框

图 5-101　调整边缘后的效果

图 5-102　“图层”面板

(3) 打开素材图片“发射塔”，选择魔棒工具，设置容差为 32，按住 Shift 键，在空白处单击以选取蓝天白云，局部可按 Ctrl＋Alt＋空格组合键将其放大处理，选区效果如图 5-103 所示。选择“选择”|“反向”菜单命令将选区反选，然后单击工具选项栏的“调整边缘”按钮，弹出“调整边缘”对话框，勾选“智能半径”和“净化颜色”复选框，设置半径为 0.1，净化颜色数量为 88%，然后单击“确定”按钮，得到如图 5-104 所示的效果。

图 5-103　选取蓝天白云

(4) 选择“文件”|“置入”菜单命令，将素材“日出”置入“宣传海报”，调整大小使其充满画布，如图 5-105 所示，按 Enter 键确认变换，取消缩放状态。

图 5-104　调整边缘后的效果

图 5-105　置入“日出”图片

(5) 选择“移动工具”将“发射塔”的“背景 副本”移入“宣传海报”，按 Ctrl＋T 组合键使其处于缩放状态，调整其大小及位置，并可适当进行旋转，如图 5-106 所示；对“仪仗队”的“背景 副本”进行同样的操作，然后选中该图层的蒙版，选择“画笔工具”，设置前景色为黑色，在工具选项栏设置画笔大小为 76px，硬度为 0%，不透明度为 100%，流量为 37%，对右下角区域进行涂抹，使其与“发射塔”图层融合，得到如图 5-107 所示的效果。

图 5-106　移入“发射塔”

图 5-107　移入“仪仗队”并融合处理

(6) 将素材“舰艇”置入“宣传海报”，如图 5-108 所示，在图层面板拖动至“仪仗队”图层的下一层，设置其图层混合模式为“明度”，如图 5-109 所示。单击图层面板的添加矢量蒙版按钮，对“舰艇”图层添加蒙版，然后选择画笔工具，保持刚刚设置的参数不变，对“舰艇”图层

图 5-108　置入“舰艇”图片

图 5-109　设置图层混合模式

周围进行涂抹，使其与背景融合，效果如图 5-110 所示。按 Ctrl+J 组合键将“舰艇”图层复制两次，然后调整其位置和大小，使用画笔工具按上述方法对其周围进行涂抹，得到如图 5-111 所示的效果。

图 5-110　融合处理后的效果

图 5-111　复制处理后的效果

(7) 将素材“飞机”置入“宣传海报”，按步骤(6)的方式对其进行处理，得到如图 5-112 所示的效果。

(8) 选中最上面的图层，选择“横排文字工具”，在画布的适当位置输入文本“国无防不立”，设置“国”字体为“华文行楷”，大小为 235 点；“无防不立”字体为“宋体”，大小为 100 点。选择“图层”|“图层样式”|“投影”菜单命令，弹出“图层样式”对话框，设置“投影”和“描边”样式，设置完毕后单击“确定”按钮，得到如图 5-113 所示的效果。同理，输入文本“民无防不安”，如图 5-114 所示。最终效果如图 5-97 所示。

图 5-112　置入“飞机”图片并处理后的效果

图 5-113　输入文本 1 后的效果

图 5-114　输入文本 2 后的效果

4. 实验后的思考

构思一张海报，参照本实验的方法将其制作出来。

第 6 章 Flash CS5 网页制作实验

Flash 是目前非常流行的二维动画制作软件之一，它能将矢量图、位图、音频、动画和深层的交互动作有机地结合在一起，创建出美观、新奇、交互性强的动画。由于 Flash 动画具有体积小、放大后不失真、交互能力强、制作简单、边下载边播放、输出多种格式的电影文件等诸多优点，使得它的应用越来越广泛。Flash CS5 是 Adobe 公司在 2011 年 5 月发布的 Flash 版本，相比之前的版本，Flash CS5 制作动画的效率更高，界面设计也更人性化。

实验 1 制作新年贺卡

1. 实验目的

本实验主要学习逐帧动画的制作过程。

逐帧动画是最基本也是最传统的动画形式，其原理是在"连续的关键帧"中分解动画动作，也就是在时间轴上逐帧绘制不同的内容，使其连续播放而形成动画。在制作本例贺卡时，将每一帧都定义为关键帧，然后为每个关键帧创建不同的内容，从而达到动画效果。

2. 实验效果

本实验制作的新年贺卡将通过打字形式将祝福语英文字母依次显示出来，并更改其颜色，使其有一种闪烁的动画效果，如图 6-1 所示。

3. 实验步骤

(1) 打开 Flash CS5，新建一个 ActionScript 2.0 文档，将场景大小设为 550×400，帧频设为 4fps；选择"文件"|"导入"|"导入到舞台"菜单命令，将 bg.jpg 新年背景图片导入到舞台，如图 6-2 所示。

(2) 选择图层 1 的第 30 帧，右击，在快捷菜单中选择"插入帧"。新建图层 2，在第 5 帧处插入关键帧，选择文本工具，在舞台中输入字母 H，并在"属性"面板设置字母的"系列"为 Brush Script Std，"大小"为 60，"颜色"为白色(#FFFFFF)，如图 6-3 所示。

图 6-1　最终的贺卡效果图

图 6-2　导入贺卡背景

图 6-3　输入字母 H

(3) 在第 6 帧处右击插入一个关键帧，使用文本工具在字母 H 的后面继续输入字母 a。然后使用相同的方法，在第 7、8、9 帧分别插入关键帧，依次输入字母 p、p、y，如图 6-4 所示。

(4) 新建图层 3，在第 10 帧处插入关键帧，在舞台中输入字母 N，然后在第 11、12 帧分别插入关键帧，依次输入字母 e、w。新建图层 4，在第 13 帧处插入关键帧，在舞台中输入字母 Y，然后在第 14、15、16、17 帧分别插入关键帧，依次输入字母 e、a、r 和文本!，如图 6-5 所示。

(5) 分别选择图层 2、图层 3 和图层 4，在第 20 帧处插入关键帧，更改舞台中字母的颜色为橙色(＃FF6600)；然后，在第 21 帧处插入关键帧，更改舞台中字母的颜色为黄色(＃FFFF00)。同理，在图层 2、图层 3 和图层 4 的第 22～25 帧处分别插入关键帧，将舞台中字母的颜色依次更改为绿色(＃00FF00)、青色(＃00FFFF)、蓝色(＃0000FF)和紫色(＃FF00FF)。

图 6-4　输入单词 Happy

图 6-5　输入新年祝福语

(6) 在图层 2、图层 3 和图层 4 的第 26 帧处分别插入关键帧，然后，设置颜色为灰色(＃CCCCCC)，再在“属性”面板中分别为文本添加“投影”滤镜。最终的时间轴如图 6-6 所示。

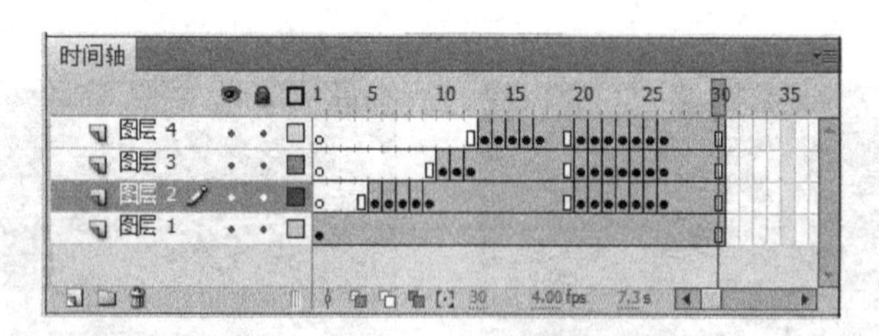

图 6-6　最终的时间轴

贺卡动画制作完成，按 Ctrl＋Enter 组合键测试影片，效果如图 6-1 所示。

4. 实验后的思考

创建逐帧动画有两种方式，一种是通过在时间轴中更改连续帧的内容创建，需要用户亲自制作；另一种是通过导入已有的或在其他软件中制作的不同内容的连贯性图像来完成。试着用上述任意一种方法做一个逐帧动画。

实验 2　制作文本动画

1. 实验目的

本实验主要学习补间形状动画的制作。

补间形状是一种在制作对象形状变化时经常被使用到的动画形式，它的制作原理是通过在两个具有不同形状的关键帧之间指定形状补间，以表现中间变化过程的方法形成动画。形状补间动画可以根据时间轴中两个关键帧内对象形状的差异，自动生成基于形状、颜色、位置等变化的补间帧。

补间形状的对象不能是元件，必须是被打散的形状图形之间才能产生形状补间。所谓形状图形就是由无数个点堆积而成，而并非是一个整体。就好比一盘散沙就容易塑造其他的形状，但一块石头就不能任意改变形状。因此，在创建形状补间动画时，需要先对动画两侧的关键帧进行预处理，执行分离功能将其打散，使之变成分离的图形。

2. 实验效果

本实验实现从字母 FAMILY 变为 father and mother I love you，再变为“家”，最后变为“有爱就有家”，效果如图 6-7 所示。

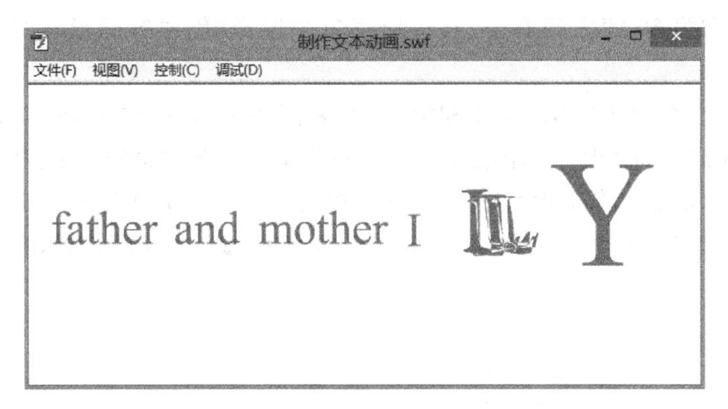

图 6-7　文本动画最终效果

3. 实验步骤

(1) 打开 Flash CS5，新建一个 ActionScript 2.0 文档，将场景大小设为 550×400，背景颜色设为白色。选择文本工具，在“属性”面板中将大小设为 160，字体设为 Aparajita，颜色设为＃FF0000，在舞台中输入字母 F，并把它移至舞台左侧，如图 6-8 所示。选中第 94 帧，右击，在快捷菜单中选择“插入帧”选项将图层 1 的帧延长至 94 帧。

(2) 新建图层 2，在图层 2 的第 1 帧选择文本工具，大小、字体、颜色设置如前，输入字母 A，并把它移至字母 F 的右侧。同理，新建图层 3、4、5、6，依次写下单词 FAMILY 的其他字母，可以使用“对齐”面板对齐各字母，如图 6-9 所示。

图 6-8　输入字母 F

图 6-9　输入字母 FAMILY

(3) 锁定所有图层,打开图层 1,在第 5 帧处插入关键帧,选择“修改”|“分离”菜单命令将 F 打散,在第 15 帧处插入关键帧,按 Delete 键将 F 删除,选择文本工具,将大小改为 50,输入“father”,并将它移至原 F 的位置,如图 6-10 所示。选中 father,执行两次“修改”|“分离”菜单命令将 father 打散,在第 5 帧和第 15 帧之间右击,在快捷菜单中选择“创建补间形状”选项,建立补间动画。

(4) 锁定图层 1,打开图层 2,在第 20 帧处插入关键帧,选择“修改”|“分离”菜单命令将字母 A 打散,在第 30 帧处插入关键帧,按 Delete 键将 A 删除,选择文本工具,将大小改为 50,写下 and,并将它移至原 A 的位置。执行两次“修改”|“分离”菜单命令将 and 打散,在第 20 帧和第 30 帧之间右击,在快捷菜单中选择“创建补间形状”选项,建立补间动画。

(5) 同理,在图层 3 的第 35 帧和第 45 帧之间将字母 M 改为 mother,图层 4 的第 50 帧和第60 帧之间将 I 改为 I,图层 5 的第 65 帧和第 75 帧之间将 L 改为 love,图层 6 的第 80 帧和第 90 帧之间将 Y 改为 you,并分别在图层 3、4、5、6 的 35～45、50～60、65～75、80～90 帧之间创建补间形状动画,效果如图 6-11 所示,此时的时间轴如图 6-12 所示。

图 6-10 用 father 替换 F

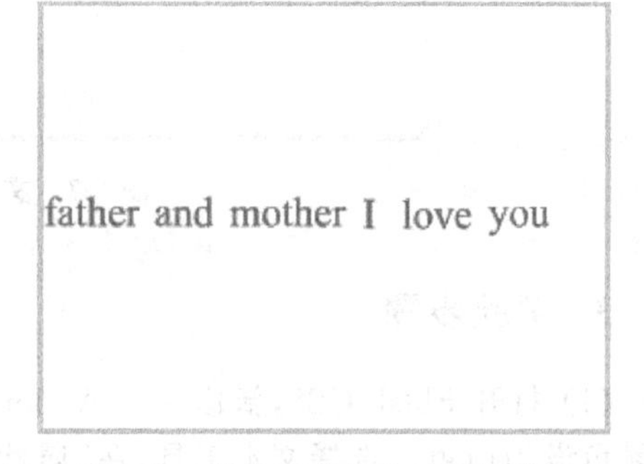

图 6-11 替换所有的字母后的效果

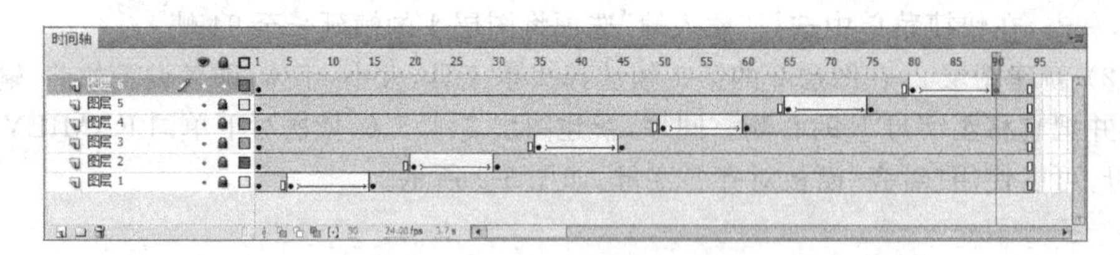

图 6-12 创建补间形状动画后的时间轴

(6) 解开所有图层的锁定,选中图层 6 的第 94 帧,选择工具箱的选择工具选中所有文本,并在“属性”面板记下它的位置(即 X 和 Y 属性),右击复制所有内容。选中图层 6,新建图层 7,在其第 95 帧处插入关键帧,在舞台空白处右击粘贴内容,在“属性”面板中输入先前的 X 和 Y 值,使文本处于原来的位置。

(7) 锁定所有图层,打开图层 7,在第 105 帧处插入关键帧,按 Delete 键将之前的文字删除。选择文本工具,大小改为 100,字体选择黑体,输入文本“家”,使用“对齐”面板,将它移至舞台中心,如图 6-13 所示。选择“修改”|“分离”菜单命令将它打散,在第 95 帧和第 105 帧之间创建补间形状动画。

(8) 在图层 7 的第 110 帧和 120 帧处插入关键帧，选中第 120 帧，按 Delete 键将“家”字删除，选择“文本工具”，大小改为 70，输入文本“有爱就有家”，并将它移至舞台中央，可以将“爱”字设为宋体加以突出，如图 6-14 所示。执行两次“修改”|“分离”菜单命令将它打散，在第 110 帧和第 120 帧之间创建补间形状动画；选中图层 7 的第 125 帧，右击，在快捷菜单中选择“插入帧”选项将图层 7 的帧延长至 125 帧。

图 6-13　输入文本“家”

有爱就有家

图 6-14　输入文本“有爱就有家”

(9) 动画制作完成，最终的时间轴如图 6-15 所示，将帧频改为 12fps，按 Ctrl+Enter 组合键测试动画。

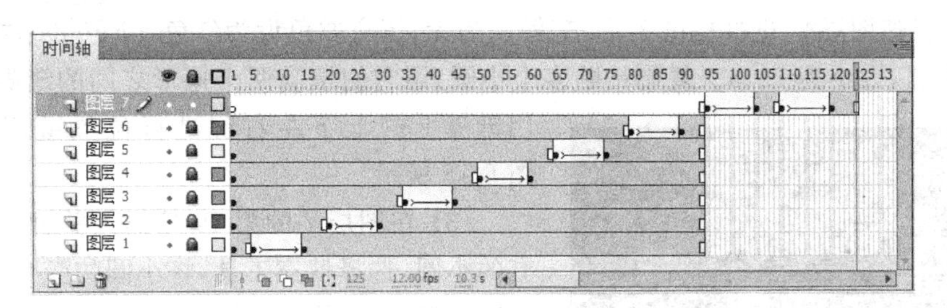

图 6-15　最终的时间轴

4. 实验后的思考

本实验为何要把文字分离？分离两次和分离一次有什么区别？

实验 3　制作霓虹灯牌

1. 实验目的

利用补间形状制作一个霓虹灯牌。

2. 实验效果

本实验实现霓虹灯牌的灯光不停变化的效果，效果如图 6-16 所示。

3. 实验步骤

(1) 打开 Flash CS5，新建一个 ActionScript 2.0 文档，将场景大小设为 550×400，背景颜色设为黑色；选择矩形工具，在"属性"面板将笔触粗细设为 1.5，笔触颜色设为 #FFFF00，填充设为无色，画一个大小为 545×205 的矩形，在矩形内再画一个大小为 510×170 的矩形，如图 6-17 所示。选中第 35 帧，右击，在快捷菜单中选择"插入帧"，将图层 1 的帧延长至 35 帧。

图 6-16　霓虹灯牌的最终效果

图 6-17　画两个矩形

(2) 新建图层 2，选择椭圆工具，笔触设为无，填充颜色设为红色 #FF0000，按住 Shift 键画一个圆，大小为 12.5。复制粘贴多个小圆，用它们填满两个矩形之间的缝隙，可以使用键盘上的上下左右键进行位置微调，效果如图 6-18 所示。

图 6-18　给矩形填充小圆

(3) 在图层 2 的第 10 帧插入关键帧，选中所有的小圆，选择填充工具，将小圆的颜色改为黄色 #FFFF00。在第 20 帧处插入关键帧，选择填充工具，将小圆的颜色改为蓝色 #0000FF。在第 30 帧处插入关键帧，选择填充工具，将小圆的颜色改为绿色 #00FF00。然后在第 1～10、11～20、21～30 帧之间分别右击，在快捷菜单中选中"创建补间形状"选项，建立补间动画。

(4) 新建图层 3，选择线条工具，在"属性"面板中将笔触粗细设为 1.5，笔触颜色设为红色。按下 Shift 键画一条竖直的高为 170 的直线，将直线移至内矩形中，如图 6-19 所示。反复使用复制粘贴功能将整个矩形填满线条，效果如图 6-20 所示。

(5) 在图层 3 的第 10 帧处插入关键帧，将线条的笔触颜色改为黄色，在第 20 帧和 30 帧处也分别插入关键帧，并将线条的颜色依次改为蓝色和绿色；然后在第 1～10、11～20、21～30 帧之间分别创建补间形状动画。

(6) 新建图层 4，选择"线条工具"，笔触粗细设为 1.0，笔触颜色设为白色，画高为 170 的线条，将线条移至红色线条的缝隙之间。反复复制粘贴白色线条，直至填满所有的红色线条缝隙，如图 6-21 所示。

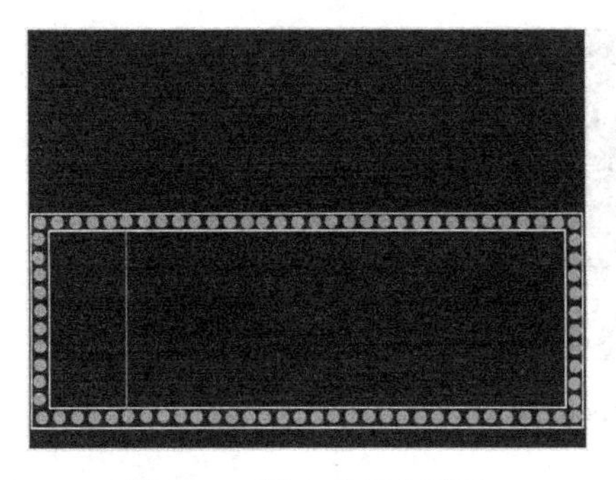

图 6-19　画一条红色竖线

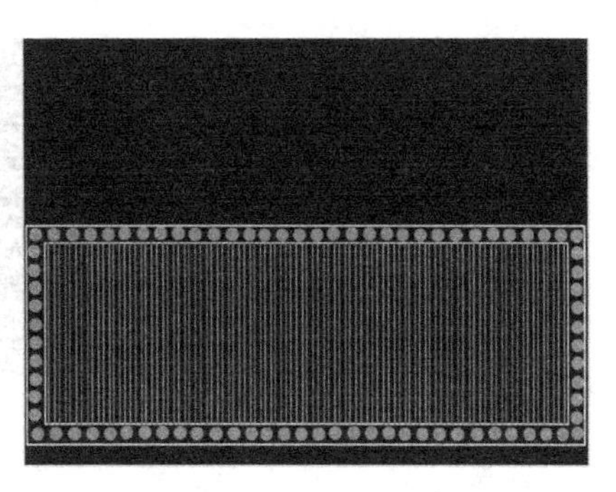

图 6-20　填充红色竖线

(7) 新建图层 5,选择多角星形工具,在“属性”面板中将笔触颜色设为红色,笔触粗细设置为 4.0,填充设为无色,工具设置的选项对话框中把样式设为“星形”,边数设为 5,画一个五角星,在“属性”面板将宽高都设为 135。选择“任意变形工具”,把五角星旋转为图 6-22 所示的角度。

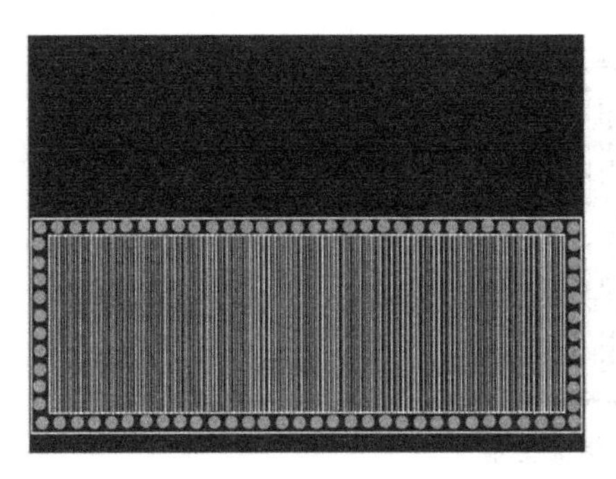

图 6-21　填充白色线条

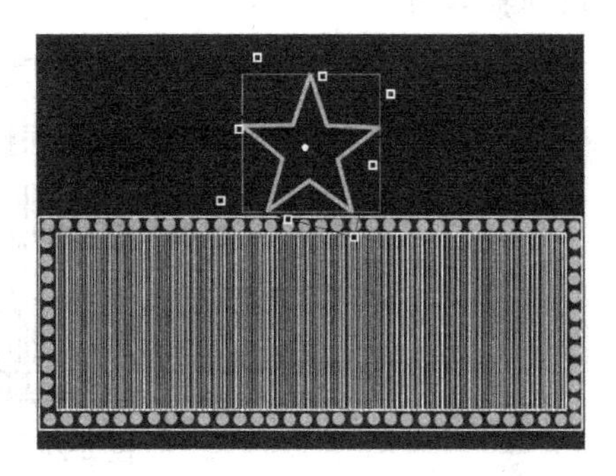

图 6-22　绘制并设置五角星

(8) 继续选择多角星形工具,将笔触颜色改为 #FFFF99,笔触粗细改为 3.0,画一个宽高都为 70 的五角星,把它移动至大五角星的内部,如图 6-23 所示。选择线条工具,笔触颜色改为红色,笔触粗细改为 2.5,画两条直线,如图 6-24 所示,注意不要把线条和五角星连接在一起。选择线条,当释放鼠标时,鼠标旁边出现弧形时将直线拉成弧线,如图 6-25 所示。

图 6-23　再绘制一个五角星

图 6-24　绘制两条线条

(9) 在第 10 帧处插入关键帧,只选中大五角星和两条弧线段,将笔触的颜色改为黄色;在第 20、30 帧处分别插入关键帧,同样只选中大五角星和两条弧线段,将笔

图 6-25　将线条拉为弧线

触的颜色分别改为蓝色和绿色，然后在第 1～10、11～20、21～30 帧之间创建补间形状动画。

(10) 新建图层 6，选择文本工具，字体选择宋体，大小设为 100，颜色设为红色，输入文本"欢迎光临"。将文本移至矩形中间，执行两次"修改"|"分离"菜单命令将字体分离，选中墨水瓶工具，笔触颜色改为黄色，为"欢迎光临"4 个字描边，效果如图 6-26 所示，最终的时间轴如图 6-27 所示。

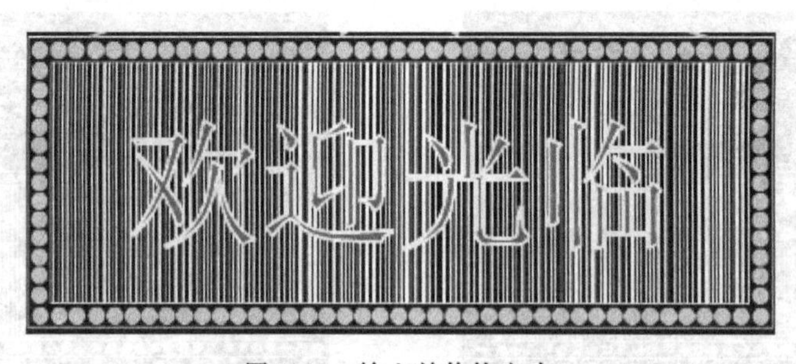

图 6-26　输入并修饰文本

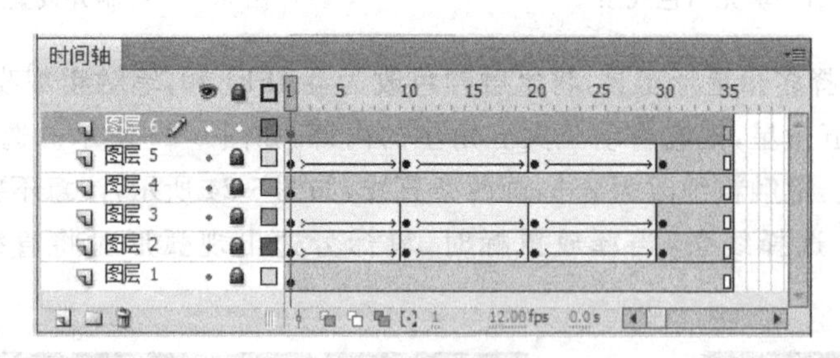

图 6-27　最终的时间轴

(11) 动画制作完成，将帧频改为 12fps，按 Ctrl＋Enter 组合键测试影片，效果如图 6-16 所示。

4. 实验后的思考

形状补间动画除了可实现形状和颜色的渐变，还可实现对透明度 Alpha 值的渐变，试设计一个形状补间动画的例子实现透明度的渐变。

实验 4　制作运动引导动画

1. 实验目的

本实验主要学习运动引导层的使用。

引导层是一种特殊的图层，在该图层中，同样可以导入图形和引入元件，但是最终发布动画时引导层中的对象不会被显示出来。按照引导层发挥的功能不同，Flash CS5 中的引导层分为普通引导层和传统运动引导层两种类型。在传统运动引导层中，引导层是用来指示元件运行路径的，被引导层用于放置运动的对象，在引导层的指引下完成相应的路径运动。

2. 实验效果

本实验的效果有两个，一个是背景由暗到明，是由运动补间动画产生的效果；另一个是飞机沿着文字运动，是由引导层动画产生的效果。最终效果如图 6-28 所示。

图 6-28　运动引导动画的效果

3. 实验步骤

(1) 打开 Flash CS5，新建一个 ActionScript 2.0 文档，将场景大小设为 800×300，帧频设为 8。选择"文件"|"导入"|"导入到库"菜单命令，导入 1 张背景图片到"库"面板，将背景图片拖入舞台，使用"对齐"面板使背景图片完全覆盖住背景，如图 6-29 所示。选择"修改"|"转换为元件"菜单命令，背景图片转换为名为"背景"的影片剪辑元件，如图 6-30 所示。

(2) 单击图层 1 的第 1 帧，选中"背景"元件，在"属性"面板中，将其色彩效果的 Alpha 值设为 50%，如图 6-31 所示。单击图层 1 的第 40 帧，右击插入关键帧，选中"背景"元件，在"属性"面板中，将其色彩效果的 Alpha 值设为 100%。在第 1～40 帧之间右击，在快捷菜单中选择"创建传统补间"选项建立补间动画。

图 6-29　导入背景

图 6-30　将背景图片转换为元件

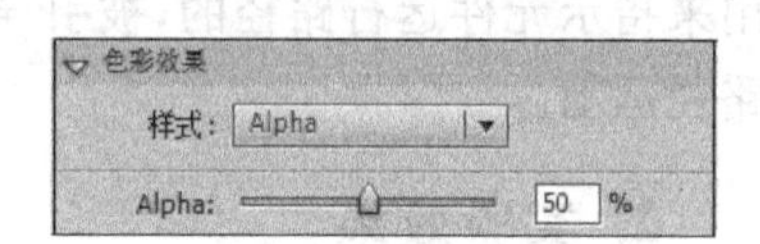

图 6-31　设置 Alpha 值

(3) 新建图层 2,单击第 1 帧,选择文本工具,大小设为 100,字母间距设为 20,在舞台上输入文本"神秘之旅"。选中输入的文本,选择"修改"|"分离"菜单命令两次,将文本分离,如图 6-32 所示。

图 6-32　分离后的文本

(4) 选中分离后的文本,选择工具箱的油漆桶工具,使用"颜色"面板,将填充方式设为"径向渐变",选择渐变颜色,如图 6-33 所示。对文本进行填充后的效果如图 6-34 所示。

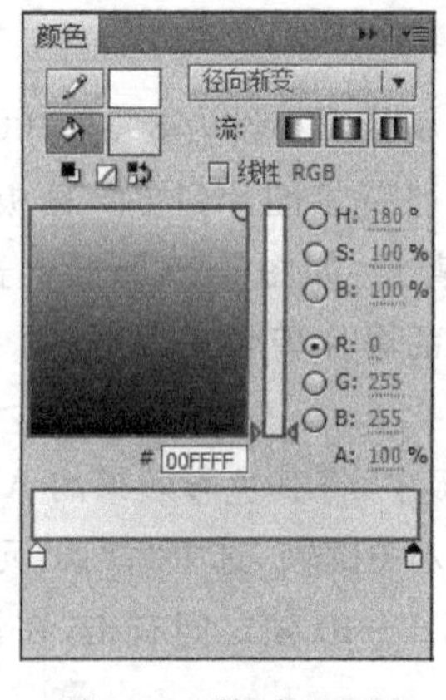

图 6-33　"颜色"面板

图 6-34　为文字填充颜色

(5) 新建图层 3，选择“文件”|“导入”|“导入到库”菜单命令，导入一张飞机图片到“库”面板，如果导入的是.png 格式的图片，系统会自动生成一个图形元件，可将其改名为“飞机”；如果是其他格式的图片，请转换为图形元件，取名“飞机”。将“飞机”元件拖入到舞台，如图 6-35 所示。

图 6-35　导入“飞机”元件

(6) 右击图层 3，在弹出的菜单中选择“添加传统运动引导层”选项，添加图层 3 的引导层，这时的时间轴如图 6-36 所示。

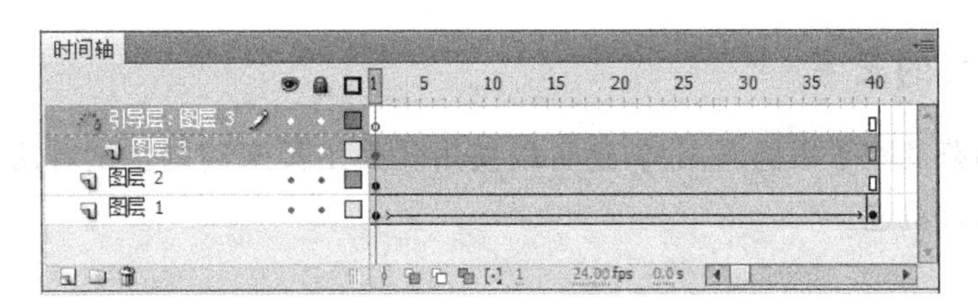

图 6-36　添加引导层后的时间轴

(7) 使用工具箱中的椭圆工具，在引导层中绘制一个无填充色的椭圆，使用任意变形工具调整其位置和大小，然后使用工具箱中的橡皮擦工具在椭圆的左端擦出一个缺口，如图 6-37 所示。

图 6-37　绘制引导路径

(8) 选中图层 3 的第 1 帧，将飞机移动到椭圆缺口的上端，使飞机中心的圆圈和缺口重合，如图 6-38 所示。右击图层 3 的第 40 帧插入关键帧，将飞机移动到椭圆缺口的下端，使飞机中心的圆圈和缺口重合，如图 6-39 所示。

(9) 在图层 3 的第 1～40 帧之间右击，在快捷菜单中选择“创建传统补间”选项建立补间动画，此时的时间轴如图 6-40 所示。

动画制作完成，按 Ctrl＋Enter 组合键测试影片，效果如图 6-28 所示。

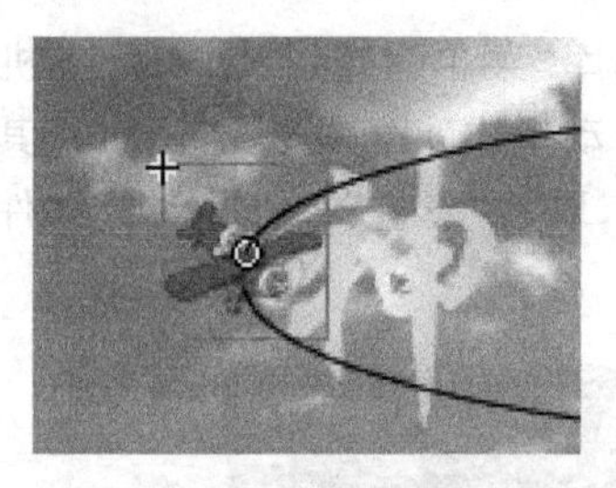

图 6-38　对齐到上端

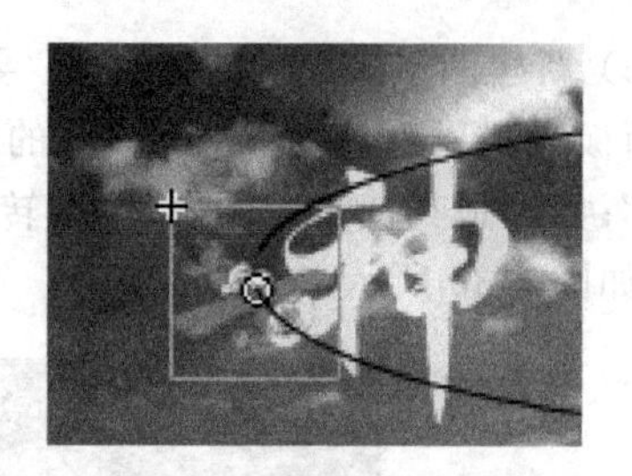

图 6-39　对齐到下端

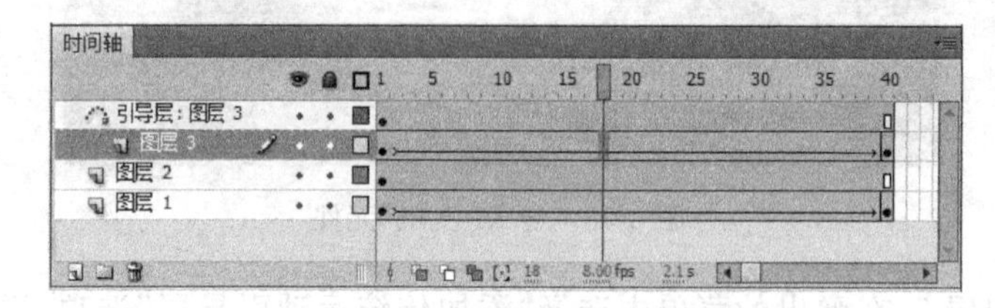

图 6-40　最后状态的时间轴

4. 实验后的思考

引导层的路径除了用椭圆工具，还可以使用什么工具来绘制？试着用其他绘制工具绘制飞机的运行轨迹。

实验 5　制作图片展示类型的 banner

1. 实验目的

本实验主要学习利用遮罩层制作特殊效果的动画。

Flash 中的遮罩层是制作动画时非常有用的一种特殊图层，它的作用就是可以通过遮罩层内的图形看到被遮罩层中的内容，利用这一原理，可以使用遮罩层制作出多种复杂的动画效果。

2. 实验效果

本实验制作一个图片展示类型的 banner，实验效果是 5 张图片以不同效果轮换出现，最终效果如图 6-41 所示。

图 6-41　图片展示效果

3. 实验步骤

(1) 打开 Flash CS5，新建一个 ActionScript 2.0 文档，将场景大小设为 550×160，选择“文件”|“导入”|“导入到库”菜单命令，导入提前处理好的 5 张图片到库中，并按播放次序分别将它们命名为 1、2、3、4、5。

(2) 将图片 2 拖至舞台上，与舞台对齐，选中第 60 帧，右击，在快捷菜单中选择“插入帧”选项，将图层 1 的帧延长至 60 帧。新建图层 2，将图片 1 拖至舞台，与舞台对齐，在第 30 帧处插入空白关键帧。

(3) 新建图层 3，在第 15 帧处插入关键帧，选择“矩形工具”，笔触设为无，填充色任意，绘制一个矩形，大小为 54×160，把它移至舞台左侧。利用复制粘贴功能得到 10 个矩形，并将它们铺满整个舞台，选择所有矩形，打开“对齐”面板，单击分布中的“垂直居中分布”和“水平居中分布”，可以使矩形更规整地铺满整个舞台，如图 6-42 所示。

图 6-42　利用小矩形覆盖舞台

(4) 在图层 3 的第 30 帧处插入关键帧，依次将各个矩形的宽改为 1，如图 6-43 所示。在第 15～30 帧之间右击，在快捷菜单中选择“创建补间形状”选项，建立补间形状动画。选中图层 3，右击，在快捷菜单中选择“遮罩层”，将图层 3 设置为遮罩层，此时的时间轴如图 6-44 所示。

图 6-43　改动矩形的宽度

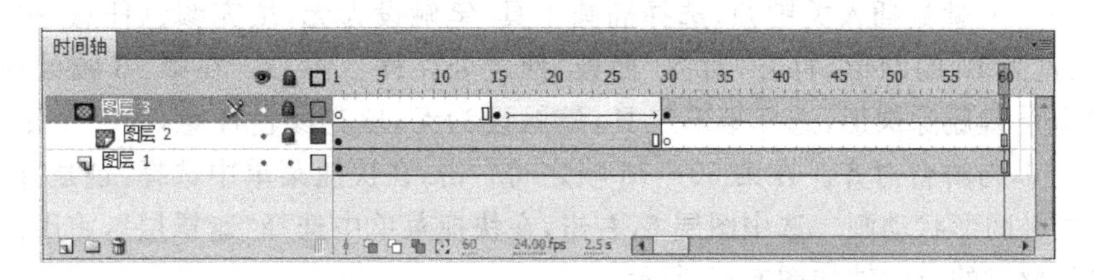

图 6-44　将图层 3 设置为遮罩层后的时间轴

(5) 新建图层 4,在第 45 帧处插入关键帧,将图片 3 拖至图片 2 的上方,如图 6-45 所示。在第 60 帧处插入关键帧,将图片 3 移动到舞台中心,与舞台对齐,在第 45～60 帧之间右击,在快捷菜单中选择“创建传统补间”选项,建立传统补间动画,可以在“属性”面板中编辑“缓动”,调整图片的下落速度,如图 6-46 所示。选中第 75 帧,右击,在快捷菜单中选择“插入帧”选项,将图层 1 的帧延长至 75 帧。

图 6-45　将图片 3 拖至图片 2 的上方

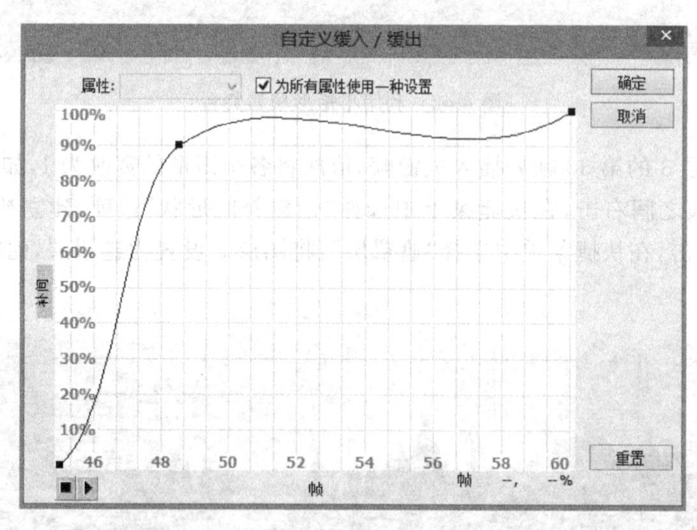

图 6-46　编辑“缓动”属性

(6) 新建图层 5,在第 60 帧处插入关键帧,并将图片 4 拖至舞台,与舞台对齐。新建图层 6,在第 60 帧处插入关键帧,选择椭圆工具,笔触设为无,填充颜色任意,按 Shift 键画一个长宽为 10 的圆形,打开“对齐”面板,使之处在舞台中心。在第 75 帧处插入关键帧,按 Delete 键删除圆形,选择矩形工具,笔触设为无,填充颜色任意,画一个矩形,大小为 550×160,与舞台对齐。在第 60～75 帧之间右击,在快捷菜单中选择“创建补间形状”选项,建立补间形状动画。选中图层 6,右击,在快捷菜单中选择“遮罩层”,将图层 6 设置为遮罩层,此时的时间轴如图 6-47 所示。

(7) 新建图层 7,在第 90 帧处插入关键帧,将图片 5 拖至舞台,与舞台对齐。将图层

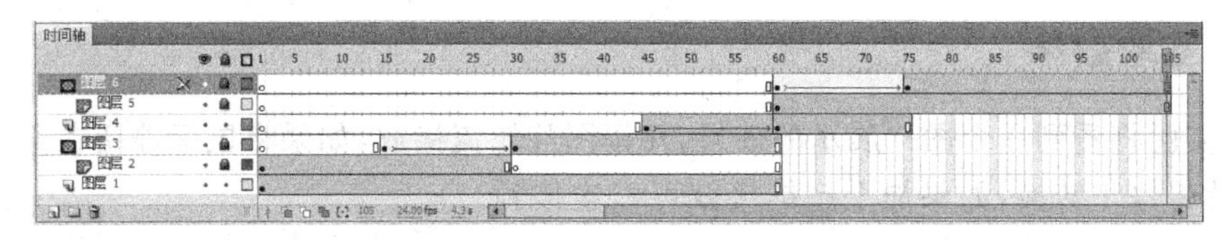

图 6-47　将图层 6 设置为遮罩层后的时间轴

7 延长至 120 帧。新建图层 8，在第 90 帧处插入关键帧，选择“矩形工具”，笔触设为无，填充颜色任意，绘制一个矩形，大小为 550×160，与舞台对齐。在第 105 帧处插入关键帧，在时间轴上单击第 90 帧，在“属性”面板中将矩形的宽改为 1，打开“对齐”面板，使它位于舞台中央，如图 6-48 所示。在第 90～105 帧之间创建补间形状，并将图层 8 设置为遮罩层。

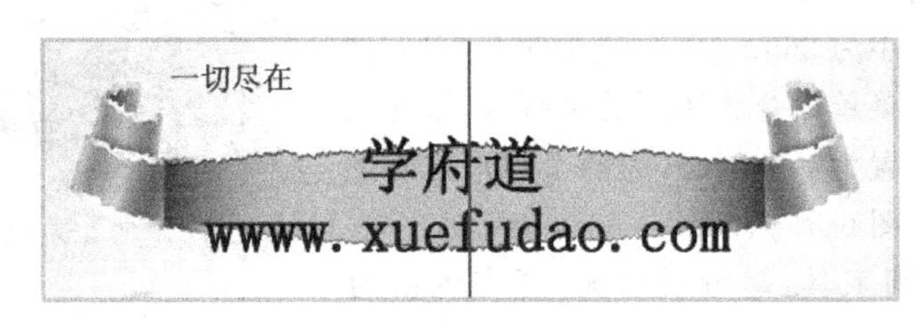

图 6-48　将矩形的宽改为 1 并居中

一个 banner 动画制作完毕，最终的时间轴如图 6-49 所示。按 Ctrl+Enter 组合键测试动画，效果如图 6-41 所示。

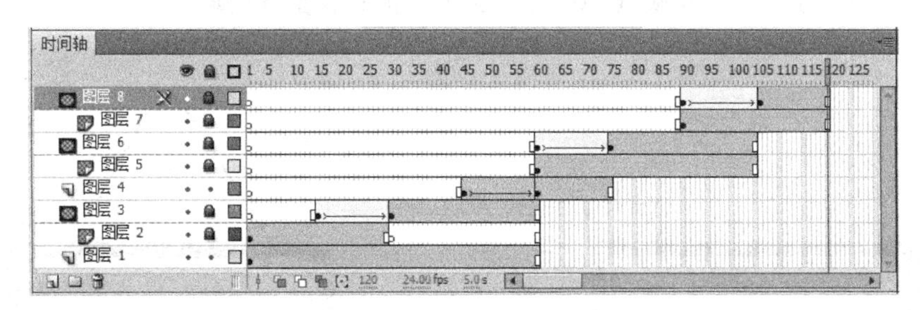

图 6-49　最终的时间轴

4. 实验后的思考

是否能通过其他的动画类型制作出差不多的图片展示效果？

实验 6　制作图片展示框

1. 实验目的

学会使用简单的脚本制作一些特殊效果。

2. 实验效果

本实验将看到一个图片展示的效果，几幅图片轮流播放，如果将鼠标停留在某张图片上，图片将停止转换，如果加上超链接就可以连接到想访问的网址，效果如图 6-50 所示。

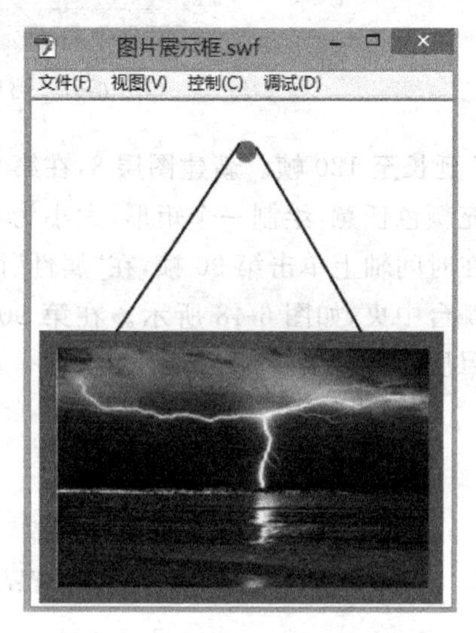

图 6-50　图片展示框效果图

3. 实验步骤

(1) 打开 Flash CS5，新建一个 ActionScript 2.0 文档，将场景大小设为 300×350。选择矩形工具，笔触设置为＃336633，填充颜色设置为无，在舞台的下方画一个矩形，大小为 287×187，在矩形中再画一个小一点的矩形，大小为 265×165。选中两个矩形，选择“修改”|“分离”菜单命令将矩形的边打散，选择颜料桶工具，颜色设置为＃336633，为两个矩形之间的空隙填充颜色，如图 6-51 所示。

(2) 选择椭圆工具，笔触设为无，填充色设为＃996633，按住 Shift 键在矩形的上方画一个长宽都为 15 的小圆。然后选择线条工具，颜色设为黑色，笔触粗细设为 2.0，画两条线段将小圆与矩形连起来，如图 6-52 所示。选中第 50 帧，右击，在快捷菜单中选择“插入帧”选项，将图层 1 的帧延长至 50 帧。

图 6-51　画一个展示框

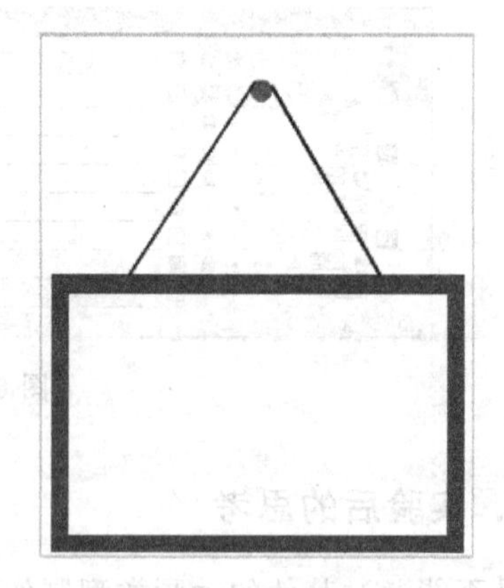

图 6-52　画展示框的挂绳

(3) 新建图层 2，选择“文件”|“导入”|“导入到库”菜单命令，将事先准备好的 5 张图片导入至库，将第 1 张图片拖至舞台的矩形空白框内，选择“修改”|“转换为元件”菜单命令，将图片转换为按钮元件，这样做的目的是可以在编辑按钮的场景中为图片设置超链接。在舞台中选择该按钮实例，右击，在快捷菜单中选择“动作”选项，打开“动作”面板，输入如下代码：

```
on (rollOver) {
```

```
    _root.stop();
}
on (rollOut) {
    _root.play();
}
```

(4) 在图层 2 的第 10 帧处插入关键帧,按 Delete 键将上一个按钮删除,将第 2 张图片拖至舞台上,将其转换为按钮元件,并为此按钮元件输入第(3)步中相同的动作代码。

(5) 同理,在图层 2 的第 20、30、40 帧处分别插入关键帧,依次将第 3、4、5 张图片拖至舞台,转换为相应的按钮元件,输入如上的动作代码,最终的时间轴如图 6-53 所示。

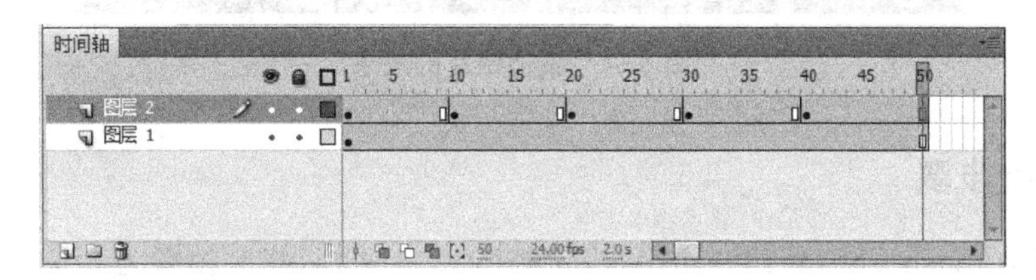

图 6-53　最终的时间轴

这样一个图片展示框就制作完成了,按 Ctrl+Enter 组合键测试动画,效果如图 6-50 所示。

4. 实验后的思考

本例中添加的代码是什么含义?如果要为按钮实例添加超链接代码,添加在哪儿?试一试。

例如,添加一个到百度的超链接的代码为

```
on(release) {
    getURL("http://www.baidu.com","_blank")
}
```

实验 7　制作滚动图片

1. 实验目的

通过本实验学会创建按钮元件,以及为帧和按钮添加脚本语句。

2. 实验效果

本实验将制作一组图片在屏幕上滚动的效果,鼠标移动到图片上,图片停止滚动,单击鼠标还能链接到指定的网址。本实验的最终效果如图 6-54 所示。

图 6-54　滚动图片的效果

3. 实验步骤

(1) 启动 Flash CS5,新建一个 ActionScript 2.0 文档,修改帧频为 8fps,修改舞台尺寸为 600×300,其他选项默认。

(2) 选择"插入"|"新建元件"菜单命令,新建一个影片剪辑元件,命名为"滚动图片",如图 6-55 所示,单击"确认"按钮,进入元件编辑状态。选择"文件"|"导入"|"导入到库"菜单命令,导入 4 张图片到"库"面板。

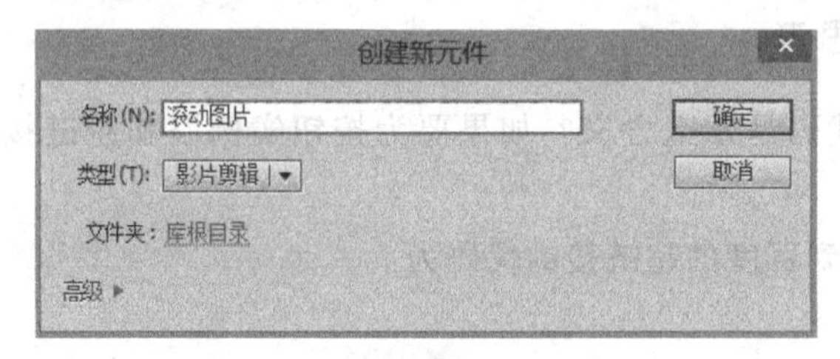

图 6-55　创建影片剪辑元件

(3) 打开"库"面板,将 4 张图片按编号拖入舞台按顺序排列,打开"属性"面板,将每张图片的尺寸设置为 200×150,利用"对齐"面板对齐 4 张图片。分别选中 4 张图片,选择"修改"|"转换为元件"菜单命令,将它们转换为名为"元件 1"、"元件 2"、"元件 3"和"元件 4"的影片剪辑元件,如图 6-56 所示。

图 6-56　将图片转换为影片剪辑元件

(4) 选择“插入”|“新建元件”菜单命令，新建一个按钮元件，命名为“隐形按钮”，如图 6-57 所示，单击“确认”按钮，进入元件编辑状态；在“图层 1”的“点击”帧处，右击，在快捷菜单中选择“插入空白关键帧”，选择矩形工具，在舞台中绘制一个无边框的、任意填充色的矩形，并将其尺寸设为 180×140，利用“对齐”面板，使其相对于舞台居中对齐。

(5) 在“库”面板中选择“元件 1”并进入编辑状态，选中舞台中的图形，选择“修改”|“转换为元件”菜单命令，将图片转换为图形元件。在第 2 帧处，右击，在快捷菜单中选择“插入关键帧”，打开“属性”面板，选中图片，在色彩效果的样式下拉列表选项中选择“色调”选项，将“色调”值设为 50%，如图 6-58 所示。

图 6-57 创建按钮元件

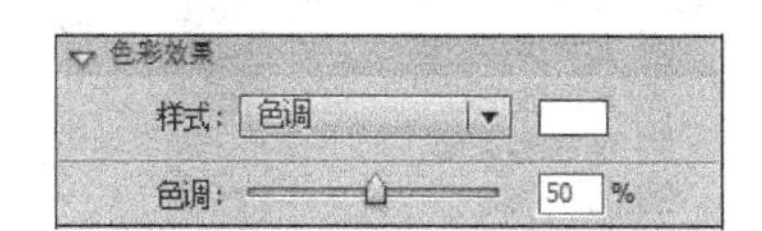

图 6-58 设置元件的“色调”值

(6) 分别选中第 1 帧和第 2 帧，打开“动作”面板，添加脚本语句：stop();，如图 6-59 所示。单击“新建图层”按钮，添加“图层 2”，打开“库”面板，将“隐形按钮”元件拖入舞台，覆盖在下层图形元件之上，如图 6-60 所示。

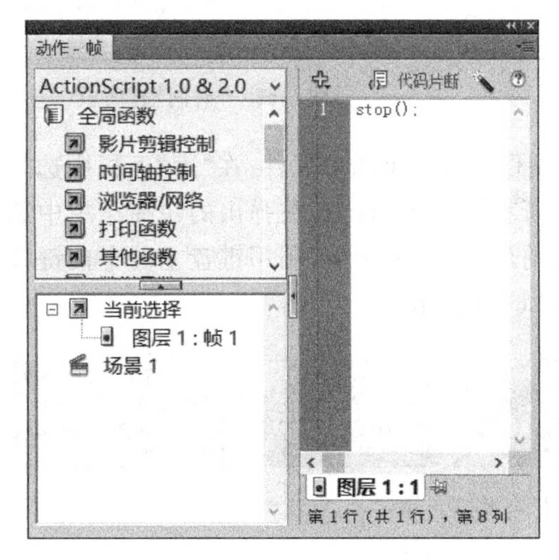

图 6-59 为帧添加脚本语句

图 6-60 按钮覆盖元件

(7) 选中按钮，打开“动作”面板，为按钮添加以下脚本语句。“动作”面板如图 6-61 所示，此时的时间轴如图 6-62 所示。

```
on ( rollover ) {
    gotoAndPlay(2);
    _root.stop( )
}
```

```
on ( rollout ) {
    gotoAndPlay(1);
    _root.play( )
}
on ( release ) {
    getURL("http://www.sohu.com",
           "_blank");
}
```

注意：脚本语句的最后一行中输入的是单击该图片后链接到的网址。

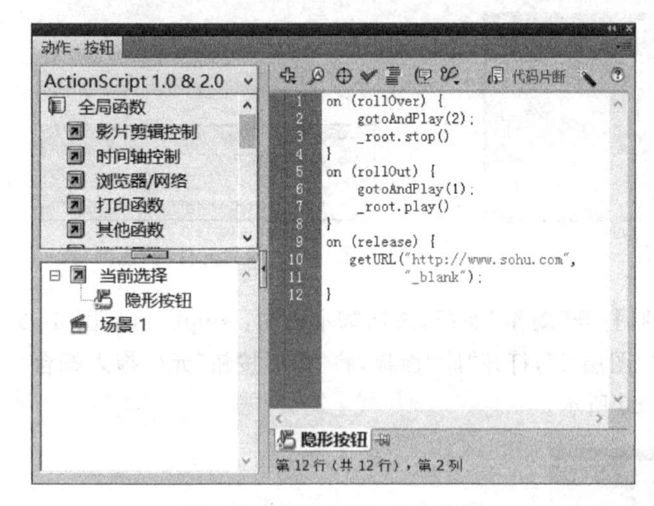

图 6-61　为按钮添加脚本语句

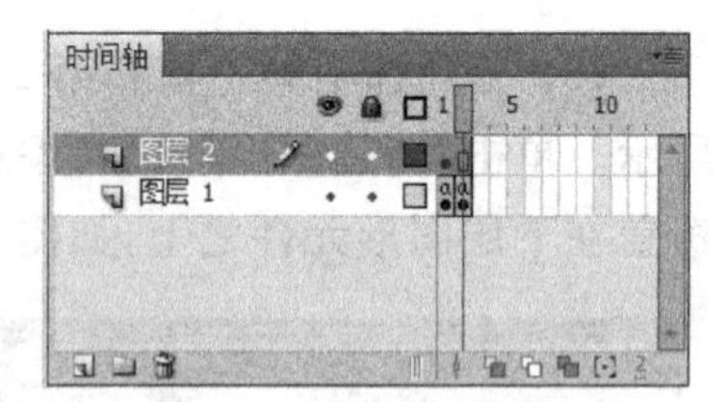

图 6-62　“时间轴”面板

(8) 重复步骤(5)～(7)，按照相同的方法制作其他 3 个图形元件；在“库”面板中选择“滚动图片”元件并进入编辑状态，选择舞台上所有的图形，右击，在弹出的快捷菜单中选择“复制”命令，然后再选择“编辑”|“粘贴到当前位置”菜单命令，利用键盘上的方向键移动元件，结合“属性”面板的坐标进行排列，如图 6-63 所示。

图 6-63　复制并排列图形元件

(9) 返回主场景中，在第 1 帧处将“滚动图片”元件拖入舞台，使其左端边线对准舞台的左边线；在第 50 帧处插入关键帧，移动元件，使其右边线对准舞台的右边对齐。右击第 1 帧，在弹出的快捷菜单中选择“创建传统补间”命令，创建运动补间动画。

(10) 将舞台背景修改为黑色，单击“新建图层”按钮，插入“图层 2”，选择“文本”工具，在文本框中输入文字“大连行”，可以为文字添加滤镜效果。

(11) 制作完毕，按 Ctrl+Enter 组合键预览动画效果，效果如图 6-54 所示。

4. 实验后的思考

创建隐形按钮的目的是什么？能否理解按钮的脚本语句代码的含义？如果将舞台尺寸设置为 800×300 会出现什么问题？

实验 8　制作导航条动画

1. 实验目的

本实验主要学习如何使用 Flash CS5 的 ActionScript 3.0 版本中的 3D 效果的制作、动画预设、给文本创建超链接等功能。

导航条在网站中发挥着极其重要的作用，用于引导访问者快速浏览网站内容。通常导航条是静态的，没有什么效果，本实验通过 Flash 将导航条做成动画，并使其具有 3D 效果。

2. 实验效果

本实验将实现一个动态的导航条效果，栏目依次从右边向左边飞入，单击图片还会出现 3D 旋转的效果，单击文字可以链接到相应的网址内容，效果如图 6-64 所示。

图 6-64　导航条的最终效果

3. 实验步骤

(1) 启动 Flash CS5，新建一个 ActionScript 3.0 文档，修改舞台尺寸为 800×100。使用矩形工具绘制一个与舞台大小相同的矩形，然后使用颜料桶工具给矩形填充一个径向渐变颜色，并可以通过渐变变形工具移动渐变色，得到如图 6-65 所示的效果。

图 6-65　绘制一个矩形背景

(2) 选择“文件”|“导入”|“导入到库”菜单命令，将所需素材图像导入到库中。选择“新建”|“插入元件”菜单命令，新建一个按钮元件，命名为“首页按钮”。将“首页.jpg”图片拖入舞台，并选择“修改”|“转换成元件”菜单命令将其转换为“首页-初始状态”影片剪辑元件，如图 6-66 所示。

(3) 选择"新建"|"插入元件"菜单命令，新建一个影片剪辑元件，命名为"首页-鼠标经过"，将"首页-初始状态"影片剪辑元件拖入舞台，并在"属性"面板中将它的 X 和 Y 坐标均设为 0。选择第 50 帧，右击，在快捷菜单中选择"插入帧"选项，在第 1～50 帧之间右击，在弹出的快捷菜单中选择"创建补间动画"选项，创建补间动画。

(4) 右击第 50 帧，在弹出的快捷菜单中选择"3D 补间"命令，此时影片剪辑将会出现三维坐标指针，如图 6-67 所示。然后再次右击第 50 帧，选择"插入关键帧"|"旋转"命令，创建旋转补间动画。

图 6-66　创建"首页-初始状态"元件

图 6-67　三维坐标指针的出现

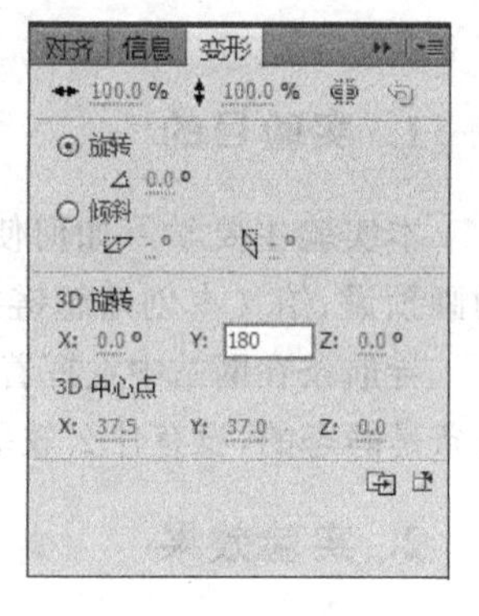

图 6-68　"3D 旋转"值的设置

(5) 选择第 25 帧，使用相同的方法，插入"旋转"属性关键帧。选择"窗口"|"变形"命令，打开"变形"面板，在"3D 旋转"选项中设置 Y 为 180，如图 6-68 所示。新建图层 2，在图层 2 的最后一帧插入关键帧，右击该帧，在弹出的快捷菜单中选择"动作"命令，打开"动作"面板，并输入停止播放动作命令：stop();，如图 6-69 所示。

图 6-69　停止播放动作命令的设置

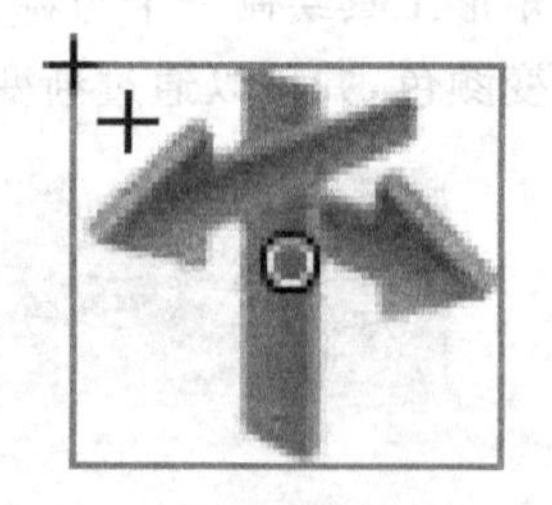

图 6-70　"弹起"帧的状态

(6) 在库中双击打开"首页按钮"按钮元件，在"指针经过"帧处插入空白关键帧，将"首页-鼠标经过"影片剪辑拖入到舞台中，并在"属性"面板中将其 X 和 Y 坐标均设为 0。单击"弹起"帧，如图 6-70 所示，两个十字符号之间的距离就是将来鼠标移到图标上面时该导航图标动态错动的距离，右击“弹起”帧，在快捷菜单中选择“复制帧”命令，右击“按下”帧，在快捷菜单中选择“粘贴帧”命令，将“弹起”帧中的内容复制到“按下”帧中；然后，选择“点击”帧，按F5键插入帧，如图6-71所示。

(7) 返回场景，选择第150帧，右击，在快捷菜单中选择“插入帧”选项。新建图层2，将“首页按钮”按钮元件拖入到舞台的右侧；选择“文本工具”，将字体设为“黑体”，大小设为30，颜色设为红色，在“首页按钮”按钮元件下方输入文本“首页”，并在“属性”面板中为该文本设置超链接，如图6-72所示。

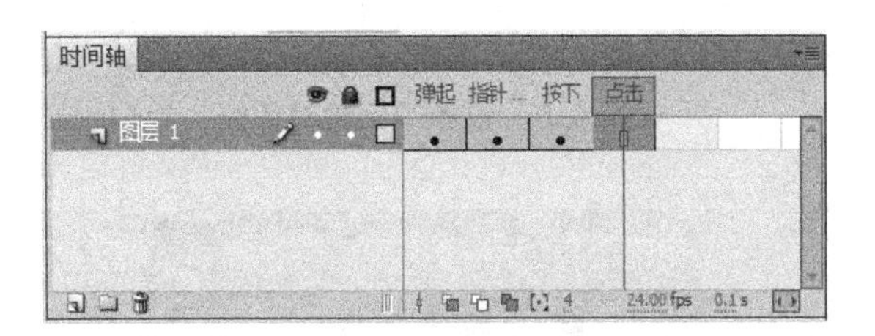

图6-71 “首页按钮”按钮元件的时间轴

图6-72 文本超链接的设置

(8) 按住Shift键，同时选中按钮元件和文本，如图6-73所示。选择“窗口”|“动画预设”命令，打开“动画预设”面板，在“默认预设”中选择“从右边飞入”选项，并单击面板底部的“应用”按钮，将该动画应用到“首页按钮”按钮元件上面，如图6-74所示。

图6-73 同时选中按钮元件和文本

(9) 在弹出的如图6-75所示的对话框中单击“确定”按钮，出现动画飞入轨迹，当鼠标移至轨迹前方出现如图6-76所示的符号时，可以拖动鼠标延长轨迹至按钮所需放置的地方，如图6-77所示。

(10) 使用相同的方法，创建好其他4个按钮元件。返回场景，选择图层2的第150帧，右击，在快捷菜单中选择“插入帧”选项。新建图层3，在第50帧处插入关键帧，将“交友按钮”按钮元件拖入到舞台的右侧，参照上面的第(8)和(9)步进行相同的操作，只是把文本改为“交友”。

(11) 同理，在图层4的第75帧、图层5的第100帧、图层6的第125帧分别插入“理财”、“旅游”和“学习”3个按钮元件，并参照第(8)和(9)步进行相同的操作。最后，新建图层7，在图层7的最后一帧处插入关键帧，右击该帧，在弹出的快捷菜单中选择“动作”命令，打开“动作”面板，并输入停止播放动作命令stop();，最终的时间轴如图6-78所示。

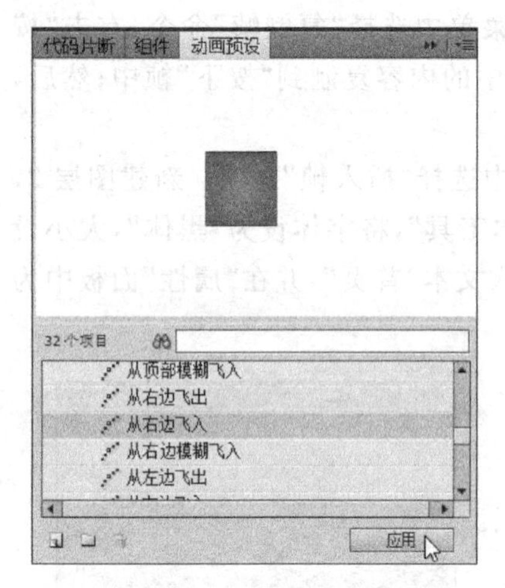

图 6-74　选择“从右边飞入”的动画效果

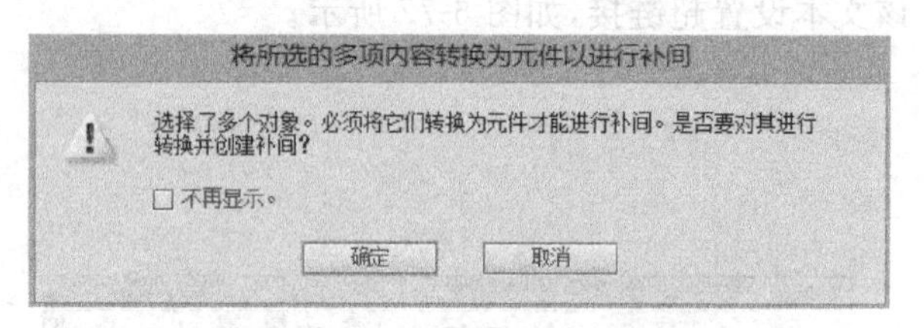

图 6-75　转换成元件对话框

图 6-76　拖动轨迹前的状态

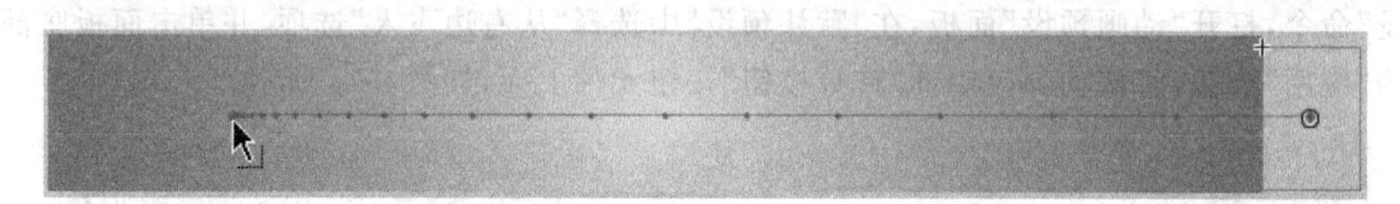

图 6-77　拖动轨迹后的状态

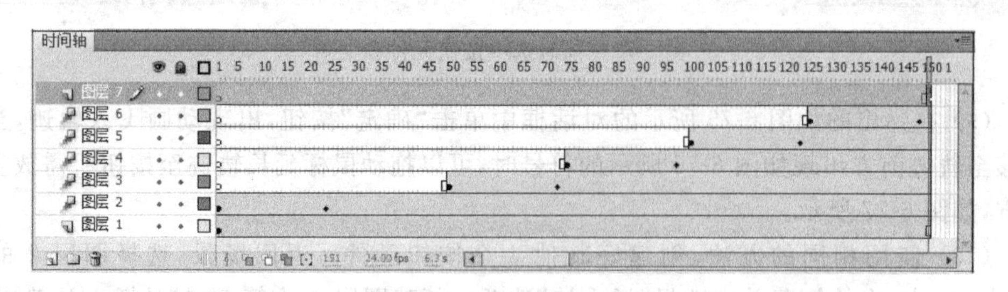

图 6-78　最终的时间轴

导航条制作完毕,按 Ctrl+Enter 组合键测试动画,效果如图 6-64 所示。

4. 实验后的思考

为什么本实验中只有文本能实现超链接而按钮没有超链接?请注意 ActionScript 2.0 和 ActionScript 3.0 的区别。

实验9　制作网站导入页面

1. 实验目的

本实验主要运用 Flash 制作一个简单的网站首页。

2. 实验效果

本实验利用引导层设计导航逐个飞入页面的效果,最终的效果如图 6-79 所示。

图 6-79　网站倒入页面的最终效果

3. 实验步骤

(1) 启动 Flash CS5,新建一个 ActionScript 2.0 文档,修改舞台尺寸为 960×600,在图层 1 导入一张背景图片,如图 6-80 所示。

(2) 新建图层 2,选择"文本工具",在"属性"面板中,字符系列选择"华文隶书",大小设为 60,颜色设为#07F9CE,在左上角输入文本"网页设计与制作",再将字符系列改为 Brush Script Std,大小设为 40,颜色不变,在右下角输入文本 Webpage Designing and programming,将两个文本都转换成图形元件,如图 6-81 所示。按 F5 键分别将图层 1 和图层 2 的帧延长到第 55 帧。

(3) 新建图层 3,在图层 3 上右击,在弹出的快捷菜单中选择"添加传统运动引导层"选项,选中引导层,选择线条工具画一条直线,并使用选择工具使直线弯出一定的弧度,如图 6-82 所示。

图 6-80 导入背景图片

图 6-81 制作 Logo

图 6-82 在引导层画一条弧形运动轨迹

(4) 选中图层 3,选择椭圆工具,在"属性"面板中将笔触设为无,打开"颜色"面板,将填充颜色的类型选择为"径向渐变",将左端的颜色设置为 # FFFFCC,将右端的颜色设置为 # 00CC66,如图 6-83 所示。在舞台中画一个圆形,选择文本工具,在圆形上面写上"教学指南",然后同时选中圆形和文本,将其转换为"按钮"元件,如图 6-84 所示。

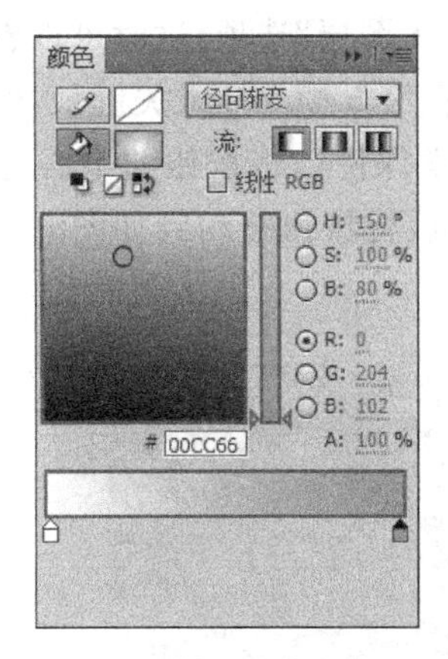

图 6-83 填充颜色的设置

图 6-84 按钮元件

(5) 将按钮的中心与弧线的上端对准,如图 6-85 所示,在第 15 帧处插入关键帧,将按钮拖动到弧线的另一端,如图 6-86 所示,在第 1 帧和第 15 帧之间的位置右击,在快捷菜单中选择"创建传统补间"选项,建立补间动画。

图 6-85 图层 3 的第 1 帧处按钮所在的位置

图 6-86 图层 3 的第 15 帧处按钮所在的位置

(6) 选中图层 3，右击，在快捷菜单中选择“插入图层”选项，这时可以看到新图层的名称为“图层 5”，并且在引导层之下。选中图层 5，在第 5 帧处插入关键帧，然后按照上面的做法做一个新的按钮，只是修改按钮文本为“教学课件”，将按钮的中心与弧线的上端对齐，如图 6-87 所示。在第 20 帧处插入关键帧，然后将按钮移动到如图 6-88 所示的位置，在图层 5 的第 5～20 帧之间创建传统补间动画。

图 6-87　图层 5 的第 5 帧按钮所在的位置

图 6-88　图层 5 的第 15 帧按钮所在的位置

(7) 选中图层 5，右击，在快捷菜单中选择“插入图层”选项，插入新图层 6，同样在引导层之下。在图层 6 的第 10 帧处插入关键帧，按上面的方法制作一个新的按钮元件，只是将按钮的文本改为“习题与自测”，将按钮的中心与弧线的上端对准，如图 6-89 所示。在第 25 帧处插入关键帧，然后将按钮移到如图 6-90 所示的位置。在第 10～25 帧之间创建传统补间动画。

(8) 按照上述步骤将其余 3 个按钮完成，第 40 帧处的舞台排列如图 6-91 所示，时间轴如图 6-92 所示。

(9) 选中引导层，右击，在快捷菜单中选择“插入图层”选项，插入新图层 10，它在引导

图 6-89　图层 6 的第 10 帧按钮所在的位置

图 6-90　图层 6 的第 25 帧按钮所在的位置

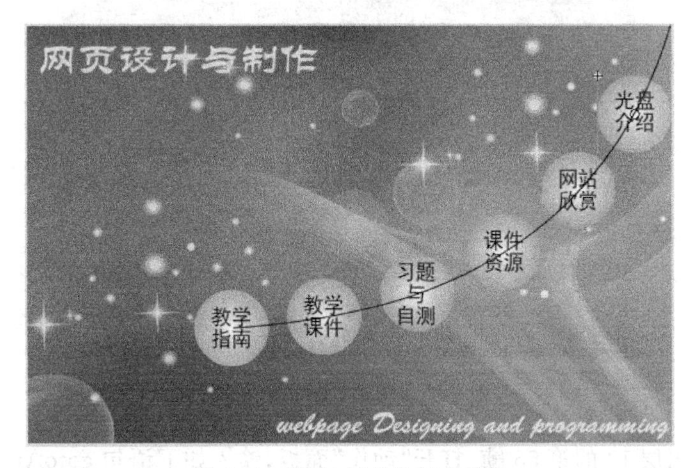

图 6-91　第 40 帧处的舞台效果

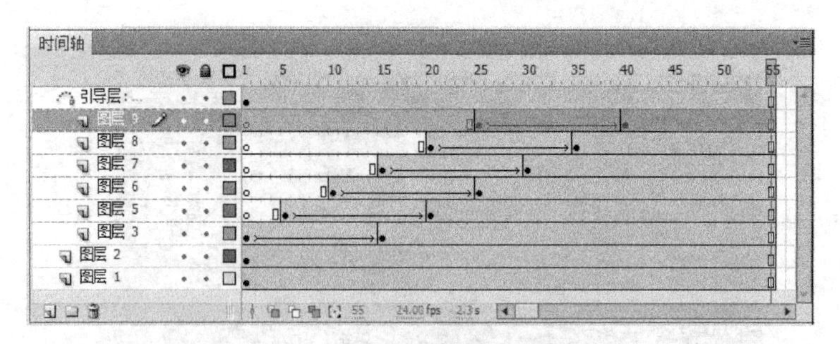

图 6-92　第 40 帧处的时间轴

层之上。在图层 10 的第 40 帧处插入关键帧，选择“矩形工具”，在“属性”面板中将笔触设为无，颜色设为白色，Alpha 值设为 50%，画一个宽为 10、高为 35 的矩形，如图 6-93 所示。在第 55 帧处插入关键帧，将矩形移动到如图 6-94 所示的位置，在第 35～55 帧之间创建传统补间动画。

图 6-93　在 Logo 的左端画一个矩形

图 6-94　将矩形移动到右端

(10) 选中图层 10 的第 55 帧，打开“动作”面板，输入如下语句 gotoAndPlay(40);，制作 Logo 不停闪烁的效果，最终的时间轴如图 6-95 所示。

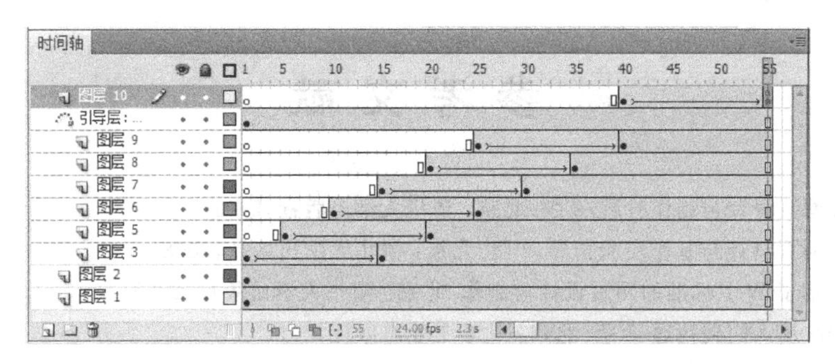

图 6-95　最终的时间轴

一个简单的网站首页制作完成，将帧频改为 12fps，按 Enter+Ctrl 组合键测试效果，最终效果如图 6-79 所示。

4. 实验后的思考

本例中按钮的超链接没有做，请试着为按钮增加超链接功能。

参考文献

[1] 杨选辉.网页设计与制作教程.2版.北京：清华大学出版社,2008
[2] 杨选辉.网页设计与制作实验指导.2版.北京：清华大学出版社,2008
[3] 唐四薪.基于Web标准的网页设计与制作.北京：清华大学出版社,2009
[4] 曹方.CSS从入门到精通.2版.北京：化学工业出版社,2011
[5] 成昊,等.Dreamweaver CS5网页设计教程.北京：科学出版社,2011
[6] 袁云华,等. Dreamweaver CS5基础教程.北京：人民邮电出版社,2011
[7] 张希玲,等.Flash CS5动画设计与制作.2版.北京：科学出版社,2011
[8] 文杰书院. Photoshop CS5图像处理基础教程.北京：清华大学出版社,2012